KB133811

워킹맘을 위한
초등 1학년
준비법

워킹맘을 위한
초등 1학년
준비법

이나연 지음 ————

글담출판

아이의 입학을 앞두고
불안한 워킹맘들에게

아직도 책가방을 메고 혼자 교문을 통과하던 아이의 뒷모습을 가슴 졸이며 지켜보던 날이 엊그제처럼 생생합니다. 그런데 어느새 저희 집 쌍둥이 남매가 4학년을 마쳐가는 시점이 되었네요. 그만큼 저의 학부모 경력도 쌓였지만 부모와 학부모, 고작 한 글자 차이가 주는 무게감은 가벼워지지 않는 것 같습니다.

직업과 지역에 따라 분위기는 많이 다르겠지만 아이의 초등 입학을 앞두고 회사를 그만두는 엄마가 많습니다. 그런 워킹맘에 대한 이야기를 들을 때마다 안타까운 마음이 들었습니다. 제가 다니고 있는 회사만 봐도 초등 아이를 둔 워킹맘의 숫자가 전체 직원의 1퍼센트에도 못 미칩니다. 신생 회사라서 직원들의 평균 연령이 어리다는 것을 감안하더라도 매우 적은 숫자죠. 직전에 다니던 회사에서도 이른 명

예퇴직을 하는 것은 여성의 몫인 경우가 많았습니다. 그만큼 자녀를 돌보는 일은 부모, 특히 여성에게 많은 짐을 지우는 것 같습니다.

독박육아로 힘겹게 아이를 키우며 일까지 하는 워킹맘을 두고, 남편과 친정 부모님의 전폭적인 지원을 받은 제가 자녀교육에 대해 이야기한다는 게 무척 부끄럽고, 이 책을 써도 될지 고민을 많이 했습니다. 그러다 새내기 학부모 때의 제 모습이 떠올랐습니다. 처음 학부모가 되어 겪는 모든 일들은 낯설고 두려웠습니다. 무엇보다 아이를 밀착 케어할 수 없었기에 돌봄 공백 관리부터 엄마들의 네트워크, 학교 행사 참여 등 무엇 하나 쉬운 일이 없었습니다. 그때마다 누가 옆에서 어떻게 하면 좋다고 알려 주는 사람이 있으면 좋겠다고 생각했습니다. 그 당시의 마음을 떠올려 후배 워킹맘에게 조금이라도 도움이 되고자 용기를 내어 이 책을 썼습니다.

제가 쌍둥이 남매의 초등 입학을 앞두고 가장 먼저 한 일은 어떤 엄마가 되고 싶은지 생각해 보는 것이었습니다. 아이를 위해 회사를 그만둘 수 있을지, 그만두지 않는다면 어떻게 키우고 싶은지 등을 깊이 고민해 봤습니다. 그 결과 회사를 그만둔다고 해도 지금보다 아이를 잘 키울 자신이 없었습니다. 그렇다고 아이들의 공부 또한 포기할 수 없었죠. 그래서 제가 시작한 것이 엄마표 학습을 통한 습관 교육이었습니다. 습관 교육의 목표는 '엄마가 챙기지 않아도 스스로 학교 갈 준비를 하고, 해야 할 공부를 먼저 하고 노는 것'이었습니다. 너무나 소박한 목표처럼 보일 수 있는데요. 시간에 쫓겨 자신도 모르게 놓치는 게 생기는 워킹맘에게 아이 스스로 자신의 생활과 공부를 챙길 수 있다는 건 매우 큰 힘이 됩니다.

처음에는 바쁜 일상에 치여 꾸준히 습관 교육을 지속할 수 없었습니다. 그러던 중 저는 물론이고 아이들에게도 동기 부여를 해주고 싶은 마음에 블로그에 습관 교육의 진행 과정을 기록하기 시작했죠. 이에 많은 엄마가 공감해 주었고, 제가 실천한 방법에 동참하여 효과를 보았다는 이야기를 들었습니다.

쌍둥이 남매에게도 많은 변화가 생겼습니다. 학년이 올라가면서 쌍둥이 남매는 매일 아침 등교 시간보다 2시간 일찍 일어나 학교 갈 준비를 한 뒤 공부를 하거나 책을 읽습니다. 그래도 시간이 남으면 악기 연습도 하며 놀다가 친구들을 만나러 학교로 갑니다. 조금은 하기 싫다는 마음이 들어도 그날 해야 하는 숙제나 공부를 미루지 않습니다. 그렇다고 단원 평가에서 늘 100점을 받는 것은 아니지만, 선생님과 친구들에게 제법 공부 잘하는 아이로 인정받으며 공부 자존감만큼은 1등인 아이로 성장했다고 생각합니다.

이 책에는 그동안 시행착오를 겪으며 터득한 저만의 구체적인 입학 준비 노하우를 담았습니다. 또한 학부모가 된 워킹맘에게 현실적으로 꼭 필요한 정보를 소개하였습니다. 수많은 학교 행사 중에 부모가 꼭 참여해야 하는 행사에는 무엇이 있는지, 아이의 하교 후 빈 시간을 어떻게 채울 수 있는지, 입학 전·입학 후 무슨 공부를 도와줘야 하는지 등 빠짐없이 담았습니다.

부디 이 책이 불안함을 내려놓고 성공적으로 초등 1학년을 맞이하는 데 도움이 되기를 바랍니다.

가족이라는 테두리에서 늘 든든하게 지원해 주는 남편과 부모님, 이 책의 주인공 쌍둥이 남매 지호와 윤호에게 사랑하는 마음을 전합니다. 특히 부족하기만 한 저의 글이 책으로 나올 수 있게 열정과 애정을 쏟아 준 이경숙 편집자님께 깊은 감사를 드립니다.

끝으로 소중한 자녀의 초등학교 입학을 진심으로 축하합니다.

목차

입학 후 공부

4장 | 하루에 문제집 1장씩, 공부 자존감이 높아진다!

단톡방과 반 모임은 어떻게 시작될까? | 단톡방에 꼭 참여해야 할까? | 반 모임을 통해 얻을 수 있는 장단점 | 단톡방과 반 모임이 성향에 안 맞는다면 | 엄마들끼리 삼삼오오 학원 및 그룹 과외 | 워킹맘의 아이라서 소외감 느끼지 않도록, 친구 초대하기

6장 | 워킹맘 선배가 후배에게 전하는 3가지 부탁

부록

1장

워킹맘이
초등 1학년
학부모가 된다는 것

의지만으로는 해결할 수 없는
초등 입학으로 인한 고비

아이를 낳기 전에는 회사에서 집안일과 육아 이야기를 하는 선배들을 보며 전문성이 떨어진다고 생각했습니다. 회사 화장실에서 숨죽여 아이와 통화하는 한 선배를 보고는 '나중에 아이를 낳더라도 저렇게 행동하지 말아야지.'라는 결심을 하기도 했습니다. 다들 애 키우면서 일만 잘하는데 왜 그렇게 그 집 아이만 자주 아프고, 빈번한 통화를 해야 하는지 이해하지 못했던 거죠. 하지만 막상 제가 선배들의 입장이 되고 보니 육아는 회사일보다 결코 만만하지 않았습니다. 육아를 시작하자마자 저 역시 회사에서 수시로 걸려오는 집 전화를 받고 있었습니다.

워킹맘이 넘을 수 없는 벽

저는 쌍둥이를 키우는 대부분의 시간을 친정 부모님과 같은 아파트 단지에 거주했기 때문에 워킹맘으로서는 최고의 조건을 갖춘 셈이었습니다. 하지만 친정 부모님이 최고의 대리 양육자인 것과 별개로 아이와 관련된 중요한 결정은 결국 엄마인 제가 내려야 했습니다. 친정 부모님께서는 아이를 돌보는 일 외에 정해진 스케줄이 변경되거나, 갑자기 아이가 다쳐서 병원에 가야 하는 등 긴급히 결정을 내려야 하는 일이 발생하면 보호자인 제게 확인한 뒤에 행동하셨죠. 아이가 초등학교에 입학하고 나서부터는 그동안의 보육과는 범위와 성격이 다른 돌봄이 필요하더군요. 본격적으로 교육이 시작됐을 뿐 아니라 유치원의 종일반보다 짧아진 하교로 인해 아이들의 방과 후 일정까지 계획하고 관리해야만 했기 때문입니다.

아이가 학교에 들어가는 순간부터 많은 엄마가 학교에서 학원, 학원에서 집으로 아이를 나르는 '운전 기사'이자, 학원을 돌며 입시 정보를 얻고 계획을 세우는 '전략가'이자, 학원 스케줄과 돌봄 시스템을 관리하는 '매니저'가 되길 강요받습니다. (<엄마가 행복한 사회, 팍팍한 경제, 더 팍팍한 가정경제>《동아일보》2011.9.27) 가족으로 구성된 대리 양육자나 유료 돌봄 시터(정부 지원 제도를 이용하면 아이 돌보미, 맘 카페에서는 시터 이모님으로 부름), 그마저도 여의치 않아 기관에 위탁하는 것으로 돌봄 시스템을 마련해 둔 워킹맘의 어려움은 일일이 나열하기도 힘들 정도인데요.

쌍둥이 남매가 초등학교에 입학할 시기가 됐을 때 저는 주위 사람들에게 "올해만 잘 넘기면 이제 고생은 끝이다." "한꺼번에 두 명이나 초등학교를 보내게 되어 걱정이 크겠다." 등 다양한 조언을 들었습니다. 아이가 초등학교 1학년 때 회사를 가장 많이 그만둔다고 하는데 어떻게 그 시기를 버틸 생각인지 묻는 질문도 많이 받았죠. 이처럼 보육 문제는 아이가 초등학교에 입학하면서 워킹맘들에게 더 무거운 과제로 다가오는데요. 실제로 초등 저학년 자녀를 둔 20~40대 워킹맘 중 대부분이 학기가 시작되는 2~3월 사이에 직장을 그만두었습니다. 그 숫자가 연평균 8,000명이 넘는다고 합니다. (〈구멍 난 돌봄에 올 신학기만 초등학생 엄마 1만 5000명 퇴직했다〉《중앙일보》 2017.12.11) 현실이 이렇다 보니 맘 카페에는 아이의 입학을 앞두고 1년밖에 안 되는 육아 휴직을 언제, 어떻게 나누어 사용하면 좋을까 라는 질문이 끊이지 않고 올라옵니다.

워킹맘이 아이를 키우면서 가장 마음이 아플 때는 언제일까요? 열이 나는 아픈 아이를 두고 출근하거나, 회사에 가지 말라며 우는 아이를 떼어 놓고 출근할 때가 아닐까요. 다행히 초등학교 1학년쯤 되면 아기 때만큼 자주 아프지는 않습니다. 미숙아로 36주 만에 태어난 쌍둥이 남매도 하루가 멀다 하고 병원에 다녔지만 초등학교에 입학한 이후에는 1년에 한두 번 정도 병원에 갈까 싶을 정도로 건강 상태가 좋아졌습니다. 물론 활동성이 늘어서 놀다가 다치는 일은 더 빈번해졌지만 소소한 감기 정도는 병원에 가지 않고도 회복할 힘이 생겼죠. 또 엄마가 출근해도 아기 때처럼 매달리며 울지도 않습니다. 오히려 엄마가 출근하는 것을 당연하게 받아들입니다.

아이가 건강해지면서 보육의 중압감을 조금 내려놓을 수 있게 되었다는 안도감도 잠시, 새로운 역할에 직면하게 됩니다. 입학 적응 기간으로 인한 3월 한 달간의 단축 수업과 공개 수업, 학부모 총회, 학부모 상담 등은 부모, 특히 엄마들로 하여금 교문 앞을 떠나지 못하게 만들더군요. 가장 바쁜 3월이 지나고 난 뒤에도 학부모 대상 강연, 녹색 어머니회, 심지어 급식 도우미 등의 활동으로 빈번하게 부모의 참여를 요구했습니다.

이렇듯 초등학교 입학을 기점으로 아이는 유아에서 어린이로, 부모는 학부모로 각각의 역할에 대한 사회의 기대치가 변합니다. 취학 전에는 '돌봄'의 측면이 강했다면 취학 후에는 '교육'의 관점이 강조되죠. 이에 따라 부모의 교육적 역할이 더욱 중요해집니다. 여기에서 부모의 '교육적 역할'이란 아이의 학습적 성장을 지원하는 것은 물론, 학교의 학사 행정과 엄마들의 네트워크에 참여하고 아이의 또래 모임 형성을 돕는 일 등 아이에 관한 모든 관리와 지원을 말합니다.(〈돌봄의 세대 전가〉 김양지영,《일다》, 2016)

이것이 여의치 않은 워킹맘은 혹시 우리 아이가 불이익을 당하거나 친구들에게 소외될까 봐 걱정이 앞섭니다. 차별이나 소외를 겪는다는 것이 어떤 건지 잘 알기 때문에 아이를 위해 사표라는 선택지 앞에서 고민하게 되죠.

참을 수 없는 엄마라는 이름의 무게

아이들이 어릴 때는 동네에서 인사 잘하고 놀이터에서 잘 뛰어 놀기만 해도 일하면서 아이도 제법 잘 키우는 워킹맘으로 인정받았습니다. 살림을 조금 못해도 '애 키우면서 일까지 하니까.'라고 이해받을 수도 있었습니다. 하지만 아이가 초등학교에 가니 '무슨 대단한 일을 하느라 아이를 방치하나.'라는 시선으로 변하더군요. 여기서 말하는 방치는 말 그대로 아이를 내버려 둔다는 뜻이 아니라 소극적인 교육 태도를 말합니다.

사실 누가 굳이 알려 주지 않아도 학교에서 학습을 시작하면서부터 아이들은 비교가 시작된다는 것을 인지합니다. 각종 평가와 대회로 아이들을 줄 세우기 때문이죠. 사회학자 엄기호는 『교사도 학교가 두렵다』(따비)에서 학생의 교육은 근본적으로 가정이 책임져야 하고 그 책임이 엄마의 몫이라는 생각이 뿌리 깊은 한국 사회에서, 학생에게 문제가 있다는 선언은 곧 엄마에게 문제가 있다는 선언으로 받아들여진다고 말합니다. 이러한 인식은 아이가 공부를 못할 경우, 각자의 사정과 상관없이 엄마가 육아를 잘못했기 때문이라는 결론으로 이어지기 쉽습니다. 반대로 아이의 명문대 진학은 육아의 성공을 의미하곤 하죠.

아이마다 가진 재능이 다르고, 공부도 다른 여타의 수많은 재능 중에 하나일 뿐이기 때문에 누구나 공부를 잘할 수는 없습니다. 어떤 아이는 수학을 잘하고, 어떤 아이는 언어에 뛰어난 재능을 보이기도 합니다. 그러나 수학이 재미있어서 그것만 하고 싶은 아이도 시간을 쪼개 영어를 공부하고 모든 과목에서 만점을 받아야 하는 것이 바로 대한민국의 입시가 요구하는 최선입니다.

이런 이유로 워킹맘은 아이의 초등학교 입학과 동시에 자녀의 학교(학원) 성적에 부담을 느낍니다. 아이를 방치한다는 소리를 듣지 않기 위해서라도 학습에 집착하게 되죠. 아이의 학교 적응을 도우며 교육적인 지원도 게을리 할 수 없다는 부담은 늘 시간이 부족한 워킹맘에게 수시로 '언제까지 직장생활과 육아를 병행할 수 있을까?'라는 질문을 던지게 합니다.

업무 성과에 대한 부담

7080 이후에 태어나 대학을 졸업한 대한민국 여성은 전에 없던 평등한 교육과 취업의 기회를 제공받았습니다. 그에 걸맞는 사회적 야망을 가지라는 주문도 함께요. 하지만 그들은 사실 남성과 동등한 기회를 손에 쥔 첫 번째 세대가 아니라, 동등한 기회가 주어지더라도 직업에서 경력을 쌓는 것이 전부가 아님을 깨달은 첫 번째 세대에 가깝습니다.(『LEAN IN』 셰릴 샌드버그, 와이즈베리) 아이와 가정을 위해 성과와 경력을 드러내지 못하고, 더 나아가 일을 그만둬야만 하는 현실만 봐

도 이를 잘 알 수 있습니다.

육아와 일을 함께 하다 보면 집중해서 일하고 있다가도 갑자기 집에서 걸려 온 전화로 흐름이 끊기는 일이 많습니다. 회의 시간에 아이디어가 떠올라도 입 밖에 내는 순간 그 일이 내 일이 될까 봐, 퇴근이 늦어질까 봐 노트만 바라보며 자리를 지키기도 합니다. 또 대부분의 회사들이 그 해의 사업 계획을 확장하기 위해 전력을 다하는 3월, 학교 행사에 참여하기 위해 자주 휴가를 내야 합니다. 더욱이 자리를 비운 만큼의 시간을 채워 넣는 것도 쉽지 않습니다.

회사에 복직하고 2년이 채 안 됐을 때 저는 승진 대상자로 추천을 받았습니다. 하지만 어린 여자니까, 출산하고 복직한 지 얼마 안 됐으니까 승진이 안 될 수도 있다는 말을 들었을 때 저도 모르게 수긍하고 말았습니다. 사회라는 정글은 승진이든, 출장이든, 야근이든 '육아와 집안일에 대해 걱정을 하지 않아도 되는 사람들만의 리그'인 경우가 많습니다. 그러면서도 때때로 워킹맘에게 100퍼센트를 넘어 120퍼센트의 능력을 발휘하라고 요구합니다. 여기서 문제는 집에서도 엄마의 시간과 능력을 100퍼센트 혹은 그 이상 필요로 하는 경우가 많다는 것입니다. 아이가 초등학교 1학년인 시기처럼 말이죠.

보통 자녀가 초등학교에 입학할 즈음이 되면 부모는 약 10년 차 이상의 업무 경력을 가진 30~40대 전후가 됩니다. 직장 내에서 책임이 늘어나고 일부 직종에서는 상위 직급으로 이동하기 위한 경쟁이 치열해지는 시기입니다. 업무뿐만이 아닙니다. 사회적 네트워크 형성을 통해 직장에 헌신해야 하기도 합니다. 이러한 근로 현실에서 풀타임$^{full\ time}$으로 일하는 워킹맘이 낮 시간 동안 아이를 꼼꼼히 챙기고 학교의 학사 일정에 맞춰 휴가를 내 봉사 활동을 자처하지 못하는 것은 어찌 보면 당연해 보입니다.

사표 쓸까? 그냥 다닐까?
후회 없는 선택을 위한 현실적인 고민

워킹맘이 아이의 초등학교 입학을 기점으로 직장을 그만둔다면 어떤 일이 생길까요? 직장에 다니느라 그동안 못 해준 것들을 마음껏 해줄 수 있을 것입니다. 또 늘 부족한 듯 느끼던 아이의 공부도 마음껏 챙길 수 있을 것입니다. 하지만 그간 쌓아 올린 엄마의 경력은 어떻게 되는 걸까요? 경제적인 대책은요? 엄마가 집에서 챙기면 아이는 공부를 잘하게 될까요? 초등 1학년을 무사히 보내고 나면 엄마는 다시 회사로, 사회로 돌아갈 수 있을까요? 일부 전문직을 제외한 대부분의 직장은 마음대로 그만뒀다가는 다시 다니기 쉽지 않습니다. 어떤 선택을 해야 후회하지 않을까요?

아이에 대한 죄책감이 먼저냐, 나의 성취감이 먼저냐

초등학교 1학년 시기는 확실히 엄마의 손길이 많이 필요한 때입니다. 그렇기에 많은 워킹맘이 직장에 다니느라 아이에게 소홀하다는 죄책감으로 사표를 고민하죠. 하지만 엄마가 제대로 챙기지 못해 아이가 선생님의 눈 밖에 나거나 뒤처질지도 모른다는 불안감은 워킹맘뿐만 아니라 거의 모든 엄마가 느끼는 걱정입니다. 사실 그런 문제는 거의 일어나지 않을뿐더러 설령 일어난다 하더라도 엄마가 일하기 때문은 아닙니다. 엄마가 일하지 않고 아이를 챙기는 경우에도 충분히 발생할 수 있는 일이니까요.

쌍둥이 남매가 다섯 살 때 9개월간 육아 휴직을 낸 적이 있습니다. 황혼 육아로 인해 친정 엄마의 건강이 악화되었기 때문입니다. 휴직하기 전까지는 회사일로 에너지가 떨어져 아이에게 살갑게 대하지 못하는 줄 알았는데, 막상 집에 있어 보니 꼭 회사 때문이 아니라는 것을 깨달았습니다. 회사에 다니지 않아 바쁠 일이 없는데도 아이에게 다정히 대하지 못하고 늘 "빨리빨리"를 외치고 있는 제 모습에 실망하기도 했습니다. 또한 가사와 육아도 회사일만큼 익숙해지는 데 시간이 필요하다는 것을 깨달았습니다. 결정적으로 이때 저는 아이들이 커 가는 모습만 바라보며 삶을 소비하고 싶지 않은 '나'를 발견했습니다. 대단한 삶의 목표를 가지고 있거나 입신양명의 뜻을 품은 것은 아니었습니다. 아이를 키우는 일과 가사의 가치를 모르는 것도 아니었고요. 하지만 저는 아이의 성장을 저의 성장과 동일시하고 싶지 않았습니다. 엄마가 아닌 나 자신의 성장을 원하고 있었던 것입니다.

저는 아이들이 초등학교 1학년이라고 해서 24시간 내내 아이들에게 시선을 두지는 않았습니다. 그동안 어린이집이나 유치원도 잘 적응하며 다닌 아이들이었기에 잘할 거라는 믿음이 있었기 때문입니다.

일하는 엄마라서 아이의 일상을 밀착 케어하지 못한다는 미안함이 가볍다는 것도, 엄마의 사회적 성장이 더 가치 있다는 것도 아닙니다. 육아냐 일이냐 무엇이 더 중요한 가치를 지녔는지는 섣불리 결론 내리기 어려운 문제입니다. 아이의 성향이나 역량에 따라, 부모가 직업에서 느끼는 가치의 크기에 따라, 또 시기와 가정 환경에 따라 중요도가 달라지기도 하고요. 서로 다른 가치 때문에 퇴사에 대한 판단은 자녀의 초등학교 입학 하나만을 보고 선택해야 할 문제는 아니라고 생각합니다.

덜 벌고 덜 쓰면 되지 않을까?

워킹맘은 일을 통해 경제적으로 안정적이고 화목한 가정을 이루어 아이에게 보다 좋은 교육 환경을 제공하고자 합니다. 그런데 부모의 퇴근 시간에 맞추기 위해 아이를 여러 학원에 보내다 보니 학원에서의 시간이 진짜 효율적인지는 둘째 치고, 학원 스케줄과 숙제 관리만으로도 벅찹니다. 저의 경우 늦은 퇴근으로 에너지가 똑 떨어진 상태에서 집에 도착하자마자 학원 숙제를 챙기려니 기분이 좋지만은 않았습니다. 엄마를 기다린 아이들 역시 마찬가지였고요. 그렇지 않아도 해야 할 일투성이인데, 일을 함으로써 늘어난 학원 스케줄과 그에 따른 숙제까지 챙겨야 하는 상황은 보다 나은 환경을 만들기 위해 일하는 워킹맘에게 아쉬움 가득한 선택지일 수밖에 없습니다.

워킹맘이 이처럼 많은 내적 갈등을 겪으면서도 쉽사리 직장을 그만두지 못하는 데에는 경제적인 이유도 클텐데요. 저 역시 친정 부모님에게 육아 도움을 받으며 두 가계의 생계를 책임지고 있습니다. 보통은 소득이 줄어들면 아끼고 절약하며 소득에 맞춰 살면 됩니다. 하지만 중요한 경제적 축을 담당하고 있는 워킹맘이 일을 그만둘 경우 그 가정은 경제적인 어려움에 부딪치게 됩니다.

맞벌이 가구라도 실제 소득에서 기본 생활비, 주택 구입을 위한 대출 원리금, 보육료, 가족 부양비 등을 제하면 여윳돈이 많지 않습니다. 게다가 부모의 늦은 퇴근으로 인해 아이를 학원으로 돌리거나 돌봄 시터, 가사 도우미 등의 서비스를 이용한다면 추가로 지출하는 비용이 상당하죠. 실제로 얼마 벌지도 못하는데 남에게 돈을 주고 아이를 맡기면서까지 일을 계속하는 게 맞는지 모르겠다며 고민을 털어놓는 워킹맘도 많이 보았습니다.

자녀의 성장과 양가 부모님의 부양 등 가정의 라이프 사이클은 모든 시기마다 돈을 필요로 합니다. 인생에 돈이 전부는 아니지만 돈이 인생의 많은 요소를 조금 더 쉽게 해결해 주기도 합니다. 학원에 덜 보내고 엄마표 학습을 하는 것도 방법이지만, 오늘날의 입시 구조는 사교육의 도움을 필요로 합니다. 더욱이 필수 입시 과목의 경우, 학교에서 배우는 것으로 충분하지 않다면 보충 학습을 해야 합니다. 이처럼 학원을 선택해야 할 때 워킹맘의 소득은 가계에서 중요한 역할을 담당할 수밖에 없습니다. 본격적으로 입시 준비가 시작되는 중·고등학생 때 직장을 그만둔다면 아이를 위해 쓸 교육비가 부족할 수도 있습니다. 그러면 덜 쓰는 것으로는 해결할 수 없는 부부의 노후 준비는 눈앞에 닥친 우선순위에 따라 아이들의 교육 이후로 미뤄야 할지도 모릅니다.

일과 육아, 둘 다 욕심내면 안 될까?

일하는 여성에 대한 권리 보장과 육아 부담에 대한 의식이 확산되며 육아 휴직 기회가 이전보다 늘어나고 있습니다. 주 52시간 근로법의 시행으로 근무 환경에 유연성도 점점 높아지고 있고요. 더욱이 경력이 쌓이면 직장에서의 위치와 역량도 달라집니다. 위에서 호출하는 대로, 시키는 대로 일을 하던 이전과 달리 점차 주도적으로 일할 수 있는 위치가 되죠. 그만큼 책임감도 커지지만 시간 관리의 주도권이 생기게 됩니다. 이렇듯 조금씩 일과 육아를 함께할 수 있는 환경이 만들어지고 있습니다.

아이가 온전히 엄마의 손길을 필요로 하는 시간은 한정적입니다. 하지만 경력은 한 번 단절되면 몇 년 뒤에 다시 사회생활을 하려 해도 이전과 동일한 조건은커녕 취업하기조차 어려워집니다. 일반적으로 여성의 경제 활동 참가율은 25~29세 때 정점을 찍었다가 출산과 양육에 집중하게 되는 30대 때 급감한다고 합니다. 그러다가 40~50대가 되면 다시 경제 활동 참가율이 높아지는데 그 이유는 그 시기에 대체로 돈이 많이 필요하기 때문입니다.

그런데 10년 이상 경력이 단절된 여성이 번듯한 직장에 재취업하기 쉬울까요?

물론 아이가 성장하며 거치는 다시 오지 않을 시기를 함께하지 못하는 데 대한 안타까움이나 아쉬움을 경력과 비교할 수는 없을 것입니다. 가장 예쁠 나이가 지나 어느새 훌쩍 커버린 아이들을 보면 저 역시 무척 아쉽습니다. 하지만 아이를 위해서라도 워킹맘은 자부심을 가질 필요가 있습니다. 사회에서 나를 필요로 하는 일이 있다는 자부심은 엄마라는 역할을 수행하는 데도 도움이 됩니다. 워킹맘은 아이 키우는 일을 포기한 것이 아니라 시간 제약으로 발생하는 몇 가지 것들을 돌봄 시스템에 위임하고 있을 뿐입니다.

초등학교 1학년 시기를 잘 버텨 내면 그 이후에는 일과 육아를 병행하는 것이 한결 수월해집니다. 물론 아이의 학교 적응을 도우며 일을 통해 경제적인 여유와 개인적인 성장을 도모하는 게 쉬운 일은 아

닙니다. 하지만 일을 그만둔다고 해서 모든 것이 완벽해지는 것도 아
닙니다. 그렇다면 조금 부족할지라도 일과 육아 모두 욕심 내도 괜찮
지 않을까요? 일과 육아 꼭 둘 중에 하나만 선택할 필요는 없습니다.

익숙해진 엄마 역할을
다시 고민하다

아이의 초등학교 입학은 (외국 거주, 홈스쿨링 등 특별한 경우가 아니라면) 부모에게 피할 수 없는 일입니다. 걱정이 앞서면 우리는 상황을 외면하거나 한정된 선택지밖에 보지 못하게 되는 것 같습니다. 예를 들어 워킹맘이 사표냐, 아니냐 하는 한정된 선택지만을 가지고 고민하는 경우처럼 말입니다. 저는 다양한 선택지들 사이에서 해결 방법을 찾고 싶었습니다. 그래서 초등학교 입학을 앞두고 엄마인 제 삶의 가치관과 부부의 교육관에 대해 점검하고, 쌍둥이 남매의 긴 학교생활을 고려해 어떤 엄마가 되어야 할지 고민했습니다. 오랜 고민 끝에 직장을 그만두지 않기로 결정했죠. 걱정만 앞세우기보다 아이들이 학교에 잘 적응하도록 도우면서 직장도 잘 다닐 수 있는 구체적인 계획을 세우기로 노선을 정했습니다.

어떤 엄마가 되기로 했는가

> 엄마가 되면 완전히 달라져. 네 아이는 내가 가졌던 것보다 더 많
> 이 가졌으면 해. 그 아이 밑에서 불을 지펴 그 애가 훨훨 날아오르
> 는 모습을 보고 싶어져. 말로는 다 못해.
>
> — 『마이 시스터즈 키퍼 : 쌍둥이 별』조디 피코, 이레

쌍둥이 남매를 임신했을 때 읽은 소설책의 일부 내용입니다. 당시
책을 덮고 한참 동안 생각에 잠겼던 기억이 납니다. 제가 특별히 욕
심쟁이 엄마라서가 아니라 엄마가 되면 나도 모르게 아이에 대한 과
한 기대를 가지게 되는 건가 싶어 마음이 떨렸기 때문입니다. 우리나
라에서는 그 기대라는 것이 흔히 입시라는 한 방향으로 쏠려 있어 여
러 가지 갈등이 야기되지만 그래도 자기 자식이 잘못되길 바라며 공
부시키는 부모는 없다고 믿습니다. 저 역시 아이들이 잘 되기를 바라
는 마음으로 교육에 대해 깊이 고민해 왔고요.

부모는 멀리 보라 하고, 학부모는 앞만 보라 합니다.
부모는 함께 가라 하고, 학부모는 앞서가라 합니다.

부모는 꿈을 꾸라 하고, 학부모는 꿈꿀 시간을 주지 않습니다.

당신은 부모입니까? 학부모입니까?

과거 공익 광고에 나왔던 문구입니다. 이 광고가 방송된 시기에 저는 부모는 아니었지만 나중에 아이를 낳으면 학부모가 아닌 부모가 되겠다고 다짐했습니다. 그러나 막상 부모가 되고 보니 '꿈을 꾸고, 멀리 보고, 함께 가려는 마음'만으로는 아이를 키울 수 없다는 것을 깨달았습니다. 물론 너무나 진부한 표현이지만 공부가 인생의 전부는 아닙니다. 4차 산업 시대가 도래했고, AI가 점점 더 많은 일을 대체해 나가고 있는 시대에 아이들이 커서 어떤 일을 할지는 아무도 예측할 수 없기 때문입니다. 그래서 더욱 공부만을 높은 우선순위에 두는 것은 부모의 좁은 시야와 한계 안에 아이들을 가두는 것이 아닌가 하는 걱정이 듭니다.

교육평론가 이범은 부모가 가장 신경 써야 할 일은 목표 없이 대학 입시에만 시달리는 아이들에게 하고 싶은 일을 만들어 주는 것이라고 했습니다. 하지만 '좋은 대학에 가고 싶다', '유명한 회사에 들어가고 싶다'는 평범한 꿈도 소중하지 않은 것은 아닙니다. 저 자신도 이런 평범한 꿈을 좇아 지금까지 노력하는 삶을 살아 왔습니다. 많은 사람이 '좋은 사람을 만나 결혼하고 싶다', '예쁜 아이들과 화목한 가정을 이루고 싶다', '서울에 내 집을 마련하고 싶다', '건강한 노후를 준비하고 싶다'처럼 지극히 평범한 꿈을 인생에 하나씩 더하며 살아

가고 있지 않을까요? 연세대학교 서은국 교수가 『행복의 기원』(21세기 북스)에서 "행복이란 강도가 아니라 빈도"라고 정의한 것처럼 이렇게 자잘하고도 평범한 꿈들이 모여 행복한 삶이 만들어지기도 합니다. 저는 공부란 하고 싶은 일을 찾는 도구이자 평범하고도 행복한 삶을 만드는 수단이라고 생각했습니다.

개인적인 경험만으로 단정 짓기에는 무리가 있지만 적당한 직장에서 월급을 받으며 일하는 것만큼 '만고萬苦 땡'인 것은 없는 것 같습니다. 자영업이나 재주를 팔아 밥벌이하는 일은 조직에 속해 정해진 날짜가 되면 월급을 받는 일보다 훨씬 치열하다는 것을 주위에서 너무 많이 봤기 때문인데요. 월급쟁이도 고난이 없는 것은 아니지만 상대적으로 안정적인 것은 사실입니다. 평균 수입이 같다 해도 축제와 기근, 요즘 말로 대박과 쪽박이 왔다 갔다 하는 것보다는 안정적인 흐름을 유지하는 편이 낫다고 생각합니다. 『머니랩』(케이윳 첸, 마리나 크라코브스키, 타임비즈)이란 책에 언급된, 많은 사람이 순간적으로 높은 기대치보다 조금 낮더라도 일정한 대가를 받는 것을 선택한다는 내용도 제 생각을 뒷받침하죠.

하지만 아이러니하게도 쌍둥이 남매는 자신의 부모처럼 사무직 직장인이 되기보다 시대에 맞는 창의적인 존재로 성장하면 좋겠습니다. 안정적인 소득이 보장된다고 해서 의사, 변호사, 교수 등의 특정한 직업을 강요하고 싶지도 않습니다. 그렇다고 너무 창의적인 꿈이나 막연한 미래를 강조하고 싶지는 않습니다. 아이들이 '다른 사람과 달라야 한다', '평범한 직장인이 되면 안 된다'라고 오해할 것 같기 때문입니다. 그렇다면 평범한 일상밖에 경험하지 못하고, 저같이 평범한 인생을 살아온 엄마는 어떻게 하면 변하는 시대에 맞춰 아이들의 꿈을 키워 줄 수 있을까요?

사실 자기 앞가림만 한다면 대학에 가지 않아도 되고, 공부로 밥벌이하는 어른으로 성장하지 않아도 괜찮다고 생각합니다. 그런데 왜 공부하라고 다그치며 온전히 공부에 대한 욕심을 내려놓지 못할까요? 앞에서도 말했지만 어떤 꿈을 꾸든 간에 공부는 필수적인 도구라고 생각하기 때문입니다.

공부를 못한다고 해서 인생이 실패하는 것은 아닙니다. 세상에는 공부가 아닌 일로도 밥벌이할 수 있는 일이 무수히 많으니까요. 하지만 아이들이 아직 구체적으로 하고 싶은 특별한 일(플랜A)을 정하지 못했다면, 꿈을 찾는 도구 중 하나로 공부(플랜B)를 활용할 수 있을 겁니다. 제가 초등학교 입학을 준비하며 영어 교육이나 선행 학습을 강조하지 않은 것도 이 때문입니다. 결과가 아니라 과정, 도구로써의 공부를 목표로 한 것이죠.

아이들의 꿈이 무엇이든, 그 목적지가 어디든, 좋은 성적이라는 차비를 마련해 주어 그 꿈에 이르기까지의 이동 수단을 스스로 결정지을 수 있도록 만들어 주는 것이 부모의 역할일지도 모르겠습니다. 그리고 저는 여기서 더 나아가 차비(좋은 성적)를 손에 쥐어 주기보다 차비를 벌 수 있는 도구, 즉 좋은 공부 습관과 생활 습관을 길러 주는 엄마가 되기로 했습니다.

쌍둥이 워킹맘이 선택한 초등 입학 준비법

처음부터 내 아이와 다른 아이를 비교하고 우열을 가리며 불안해하는 부모는 없습니다. 그저 아이가 잘 자라서 부모인 나보다 더 멋진 모습으로 성장하기를 바라죠. 저 역시 그랬습니다. 그런데 아이를 키우는 일은 그렇게 단순하지 않았습니다.

아이들의 유치원 친구가 방문 학습지를 이용해 5세부터 한글 공부를 시작하자 육아를 도와주시던 친정 엄마가 쌍둥이 남매의 한글 학습 시기를 물어보셨습니다. 저는 남매가 유치원을 다니는 기간에는 신나게 놀게 해줄 생각이었습니다. 그래서 "공부는 학교에 들어가서 시작해도 늦지 않는다, 학원으로 아이를 돌리지 않겠다." 하며 한글 학습 시기를 막연하게 미뤘습니다. 여기에는 '남들이 들으면 알만한 대학을 나온 부모에게서 태어난 아이들이니까 부모만큼은 하겠지.' 또 '우리 세대가 부모 세대보다 조금 더 공부했으니까 쌍둥이 남매는 우리보다 조금은 더 공부하겠지.'라는 막연한 기대감이 깔려 있었던 것 같습니다. 특별히 무언가를 시키지 않아도 '중간 이상은 할 것이다.' 혹은 '아주 사소한 학습 지도만 해도 일취월장할 것이다.'라는 근거 없는 자신감을 가졌던 것입니다.

하지만 저는 결국 초등학교 입학까지 아이들을 기다려 주지 못했습니다. 7세부터 한글과 수학 문제집을 이용해서 엄마표 학습을 시작하게 되었습니다. 이렇게 된 데에는 몇 가지 계기가 있습니다.

첫 번째 계기는 아이들이 놀이터에서 하나둘씩 사라진 것입니다. 그동안 유치원이 끝나면 매일같이 놀이터에서 함께 어울리던 동네 친구들이 7세가 되면서부터 영어나 수학을 공부하거나, 각종 예체능 활동을 하게 되면서 놀이터에 나오지 않게 된 것입니다. 눈이 빠지게 친구들을 기다리다가 제대로 놀지도 못하고 집에 돌아오는 날이 점차 많아졌습니다.

두 번째 계기는 내 아이들이 천재가 아니라는 사실을 알게 된 것입니다. 쌍둥이 남매는 다른 아이들에 비해 문장으로 말하기 시작한 시기가 빨랐습니다. 그래서 혹시나 하는 막연한 기대감으로 아이들을 관찰했죠. 하지만 가르치지 않아도 스스로 깨우치는 아이, 하나를 가르치면 둘을 깨닫는 아이는 따로 있더군요. 내 아이들은 공부를 재미있어하고 배울수록 학습 욕구가 올라가는 아이들이 아니었습니다. 어느 정도는 가르치고 시켜야 하는 아이들이었습니다.

물론 이런 계기들이 있긴 했지만 엄마표 학습을 시작한 결정적인 이유는 제게 있었습니다. 저는 아이들이 공부를 못해도 괜찮은 쿨한 엄마가 아니었고, 아이들의 공부를 뒷바라지하기 위해 일을 내려놓을 수 있는 엄마도 아니었습니다. 학원을 다니지 않으면 함께 놀 친구가 없는 상황, 가르치지 않으면 스스로 학습할 능력이 안 되는 아이들을 보면서 엄마가 일하느라 아이들을 신경 쓰지 않아서 혹은 아이들이 학원을 다니지 않아서 뒤처질 수도 있다는 불안감을 느꼈습니다. 이런 감정은 제가 할 수 있는 일이 무엇인지 찾게 만들었고, 어떤 엄마가 되고 싶은지 생각해 보게 하였습니다. 그 고민의 결과를 바탕으로 몇 가지 엄마표 학습을 통해 초등학교 입학 준비를 시작했습니다. 그리고 그 학습의 결과와 반응을 블로그에 기록하였습니다.

블로그에 '쌍디 학습'이라고 거창하게 기록을 시작했지만 실상은 간단합니다. 일찍 일어나기, 그날 해야 할 일을 스스로 챙기기, 한두 장의 한글과 수학 문제집 풀기, 줄넘기하기, 독서하기 등이 제가 목표로 한 생활 습관과 공부 습관을 길러 주기 위한 전부였습니다. 초등학교 입학이라는 위기 상황을 대비하는 계획치고는 너무나 평범해 실망하신 분도 있을 것 같습니다. 하지만 이렇게 작은 계획도 막상 실천하려고 하면 어렵더군요. 계획을 제대로 실천하기 위해 열심히 책도 읽고 교육 관련 유튜브와 강연을 섭렵하며 공부해야만 했습니다. 이런 노력 덕분인지 쌍둥이 남매는 이제 깨우지 않아도 스스로 일어나 학교에 갈 준비를 하고 활기차게 등교합니다. 조금은 하기 싫다는 마음이 들어도 그날 해야 하는 숙제나 공부를 미루지 않고 스스로 해냅니다. 잘하고 못하고를 떠나서 매우 칭찬할 만한 태도라고 생각합니다.

공부를 마치면 그림을 그리거나 블록을 조립하고 독서를 하며 신나게 놉니다. 거의 매일 EBS TV도 한 시간씩 시청하고 있고요. 이렇게 충분히 놀면서도 쌍둥이 남매는 자기들 스스로를 최고는 아니지만 제법 공부 잘하는 아이라고 생각하고 있습니다. 실제로 지난 몇 년간 생활 통지표에서 우수한 학업성취도 평가를 받기도 하였습니다. 하지만 저는 이런 외부의 평가와 상관없이 엄마가 일일이 챙겨주지 못해도 즐겁게 학교생활을 하며 공부를 당연히 해야 하는 일로 여기고 자기만의 공부법을 찾아가는 아이들이 매우 대견스럽습니다. 무엇보다 아이들과 함께 그 시기를 보내며 저 역시 성장했다는 사실에 감사하고요.

초등학교 입학을 앞두고 제가 블로그에 올린 쌍디 학습 기록은 많은 워킹맘에게 호응을 얻었습니다. 그 분들의 성원에 용기를 내어 더 많은 워킹맘에게 저만의 비법을 본격적으로 소개하기로 결심했습니다. 쌍둥이 남매에게 시도한 방법을 이웃 블로거들과 함께 자녀교육 프로젝트를 해본 것인데요. '21센티 습관 교육'이라는 이름으로, 각 블로거 가정마다 한 달에 21일 동안 실천할 생활 습관과 공부 목표를 세우고, 기록하고, 반성하는 일이었습니다.

그리고 놀랍게도 이 미션을 통해 아이를 관찰하는 시간이 늘어 아이를 더 잘 알게 되었다는 분, 아이들이 놀기 전에 공부를 먼저 하는 습관이 생겼다는 분, 아이 스스로 독서 목표를 세우게 되었다는 분 등 긍정적인 결과를 얻을 수 있었습니다.

이제 초등학교 입학을 앞두고 무엇을 어떻게 준비해야 할지 막막해하는 여러분을 위해 이 방법을 공유하고자 합니다. 입학 전후로 워킹맘이 꼭 알고 준비해야 하는 것은 물론이고, 아이의 학교생활과 교과 공부를 도와주는 습관 교육까지 하나씩 소개하고자 합니다. 가장 궁금한 장부터 먼저 살펴봐도 좋습니다.

2장

7세 습관 교육 :

1학년 학교생활을
좌우한다!

습관 교육이 초등 1학년 준비의 시작이자 전부다

초등학교 입학을 앞두고 제가 쌍둥이 남매와 함께한 약속을 한 문장으로 표현하면 "내년에는 초등학교에 입학하는 형님이 되니 해야 할 일을 먼저 하고, 그 다음에 하고 싶은 일을 하자."였습니다.

저는 이 습관 교육을 처음에는 쌍디 학습이라고 부르다가 블로그의 이웃들과 함께해 보면서 나중에는 21센티 습관 교육이라고 불렀는데요 미국의 언어학자 존 그린더 교수와 심리학자 리차드 밴들러의 'NLP이론Neuro Linguistic Programming Theory'에 따르면 사람은 누구나 21일 동안 꾸준히 어떤 일을 반복해서 하면 스스로 의식하지 않더라도 습관적으로 행동하게 된다고 합니다. 이 이론에서 사용한 21일이라는 기준은 '우리 두뇌의 회로가 바뀌는 데 걸리는 최소의 시간'이라는 과학적 근거로도 많이 활용됩니다. 여기에 힌트를 얻어 21일 동안 목표를 정해 그것을 실천하면서 좋은 생활 습관과 공부 습관을 만들고 날마다 1센티미터씩 성장하자는 취지로 21센티 습관 교육이라는 이름을 붙였습니다.

물론 한 달에 딱 21일만 실천한다는 의미는 아닙니다. 21일 만에 습관이 만들어지는 것도 아니고요. 21일을 기준으로 목표를 세우고 만약 이를 달성한다면 작은 성취감을 누리는 것이고, 실패한다면 목표가 아이의 역량에 맞는지 살피고 조정한 뒤 다시 21일 동안 실천하는 식으로 활용하면 되는 것입니다. 이를 반복하는 사이 자연스럽게 습관이 형성되고 자기 주도성을 갖게 되기를 기대하면서요.

사실 명칭은 그리 중요하지 않습니다. 뚜렷한 기준점이 없으면 흐지부지 끝나게 되는 경우가 많습니다. 그런데 21일이라는 기준이 생기니, 눈앞에 목표가 생겨 지속할 확률이 높아지고 실패해도 다시 도전할 마음이 생기더군요. 중요한 것은 이 점입니다.

습관 교육을 하기로 마음먹은 과정을 조금 더 설명드리자면, 시간이 넉넉지 않은 생계형 맞벌이 부부에게 태어난 쌍둥이 남매가 선택할 수 있는 답지는 일단 '공교육의 테두리 안에서 공부하는 것'이었습니다. 답지가 정해진 상황에서 공부가 평범하지만 행복을 좇는 도구이자 어차피 해야 할 의무라면 아이 스스로 즐기면서 할 수 있게 만들고 싶었습니다. 그리고 어릴 때부터 공부를 대하는 자발적인 태도는 자기 주도적인 삶의 태도로 이어질 수 있을 것이라고 생각했습니다. 그래서 자기 주도적인 습관 길러 주기를 초등학교 입학 준비의 목표로 삼은 것입니다. 구체적으로는 아침에 깨우지 않아도 혼자 일어날 수 있는 능력(생활 습관), 선생님의 메시지를 부모에게 제대로 써서 전달하는 능력(공부 습관), 챙겨 주지 않아도 혼자서 가방을 쌀 수 있는 능력(생활 습관), 놀기 전에 학교 숙제를 알아서 하는 능력(공부 습관)을 목표로 삼았습니다.

바쁜 워킹맘을 대신해
아이를 지켜 줄 2가지 습관

아이들이 초등학교에 입학하기 전에는 집과 유치원에서의 '생활 습관'과 독서와 숙제를 활용한 '공부 습관'을 중심으로 교육했습니다. 입학한 이후에는 공부 습관 교육에 보다 집중하였죠. 저는 이 교육의 최종 목표를 '초등학교 6년 동안의 기초 학력 다지기'와 '스스로를 챙기는 자기 주도적 삶의 태도 만들기'로 삼은 덕분에 균형을 유지하며 꾸준히 지속할 수 있었다고 생각합니다. 처음부터 성적이나 경쟁에서 우위를 선점하기 위한 선행 학습을 목표로 했다면 계속 지속하기 어려웠을 것입니다. 그저 제 불안감을 달래기 위한 시도에 지나지 않겠죠.

자기 주도적 생활 습관과 공부 습관을 가르치기 위해 저희 부부는 우선 일찍 일어나 아침밥을 먹었습니다. 그리고 독서하고 기록하는 모습을 보여 주었습니다. 부지런한 일상생활의 모범을 보여 준 것이죠. 아이들은 이런 저희를 따라 매일 일찍 일어나 아침밥을 먹고 독서를 했습니다. 저희는 이렇게 사소하지만 기본이 되는 생활 습관을 반복해 나갔습니다.

그리고 아이들이 오랜 시간 생활하는 집의 환경도 정돈했습니다. 저희 집은 TV가 거실이 아닌 안방에 있습니다. 평소에 외할머니와 함께 집에 있을 때에도 부부 중 누구도 퇴근해서 집에 도착하자마자 TV를 켜지 않습니다. 아이들 역시 그날의 공부를 모두 마치고, 샤워까지 끝내야 방에 들어가서 정해진 시간 동안 TV를 볼 수 있게 했습니다. 엄마 아빠는 TV를 보면서 아이에게는 책을 읽으라고 하거나 집에 읽을 책이 별로 없다면, 책을 읽고 싶어져도 그 생각을 오래 유지하기 어렵습니다. 아이들에게 특정 행동을 강화시키기 위해서는 그러한 환경을 만들어 주는 것도 매우 중요합니다.

이외에 아이들이 초등학교에 입학하기 전에는 매일 1장의 국어·수학 문제집 풀기, 소리 내어 책 1권 읽기를 엄마표 학습 숙제로 내주었습니다. 입학한 후에는 입학 전에 하던 엄마표 학습에 줄넘기 100개, 1일 3곡 악기 연주하기처럼 부담 없는 선에서 예체능 활동을 추가로 내주었습니다. 그리고 달성 여부를 체크리스트에 표시하게 했습니다. 적은 양을 숙제로 내준 이유는 작은 성공을 경험하게 하여 습관을 기르는 데 도움을 주고 싶었기 때문입니다. 그런데 정말 신기하게도 예상치 못했던 효과를 얻을 수 있었습니다. 아이들의 자존감이 눈에 띄게 높아진 것입니다.

사회주의학자 엥겔스는 '양질전화量質轉化, The law of the transformation of quantity in to quality' 법칙을 주장했는데요. 사회는 수많은 작은 변화들이 모여 일정 순간에 도달하면 질적 변화를 이룬다는 뜻입니다. 여기서 양은 수, 빈도로 나타낼 수 있으며 질은 정도, 속성을 말합니다. 습관 교육을 통해 제가 아이들에게 가르쳐 주고 싶었던 것은 매일 꾸준히 정해진 분량을 반복적으로 학습하다 보면 하루에 가능한 학습 분량이 늘어나고 못 풀던 문제도 혼자 풀게 되는 성장 지점에 도달할 수 있다는 것이었습니다. 양적인 반복으로 어느 순간 질적 수준을 높일 수 있다는 거죠.

저는 아이들에게 100점이라는 결과 중심의 기준보다 사람을 성장시키는 '반복적인 노력'이 곧 공부라는 과정 중심의 기준을 제시해 주고 싶었습니다. 여러 번 반복해서 노력함으로써 10분 걸리던 공부를 9분 만에 끝낼 수 있게 되었다면 그것도 하나의 성장입니다. '여러 번 반복해서 책을 읽다 보니 중심 내용을 찾아 요약할 수 있으며 느낌을 말할 수 있게 되었다', '꾸준한 연습을 통해 줄넘기를 10개에서 11개 할 수 있게 되었다'처럼 다양하고 작은 성공 경험들을 아이가 어릴 때 충분히 경험시키고 싶었습니다.

쌍둥이 남매는 초등학교 4학년인 지금도 매일 일정량의 학습만을 할 뿐 특별히 단원 평가 시험을 준비한 적이 없습니다. 그럼에도 자신

있게 시험을 치르고 학교 수업을 따라가는 아이들을 보며 처음에는 반신반의하던 남편도 아이들의 공부 습관 챙기기에 적극적으로 동참하게 되었습니다. 그리고 아이들 역시 엄마 아빠가 아침마다 그날의 공부를 챙기지 않아도 매일 해야 한다는 인식을 갖게 되었습니다.

자기 주도적
공부 습관을 길러 주는 법

공부 습관 교육 방법에 대해서 구체적으로 이야기하기 전에 한 가지 짚고 넘어갈 것이 있습니다. 바로 '자기 주도'의 정의인데요. 아이들에게 해야 할 미션을 내주는 것이 엄마 주도 학습과 무엇이 다르냐고 의문을 품으실 수도 있기 때문입니다. 흔히 자기 주도적 학습이라고 하면 '자기self'라는 단어의 어감 때문인지 '부모가 시키지 않아도 스스로 하는', '학원을 다니지 않고 스스로 하는' 공부라고 오해하곤 합니다. 이에 따르면 부모가 이거 해라, 저거 해라 가이드를 주는 순간, 혹은 학원에 다니는 순간 아이의 학습은 자기 주도가 아닌 게 됩니다. 학원이나 학습지의 도움 없이 교과서만 보고 공부하거나 학교나 학원 숙제를 누구의 도움 없이 혼자 해결하는 것은 쉬운 일이 아닙니다. 무엇보다 초등학교 입학 전의 아이들에게 스스로 목표를 세우고 실천하기를 기대하는 것은 대단히 무리죠. 따라서 이 시기 아이들에게는 도움을 주어야 합니다. 어릴 때부터 시작하면 아이는 좀 더 쉽게 습관화할 수 있습니다.

저는 자기 주도 학습의 핵심은 문제를 풀면 답을 체크하고, 답안지의 풀이 과정을 통해 내가 무엇을 모르는지 확인하고, 이것을 제대로 알아 가는 과정에 있다고 생각합니다. 하지만 7세, 고작 해야 초등 1학년이 스스로 다양한 교과 영역의 학습을 계획하기는 어렵죠. 게다가 학년이 올라가면 학습 난이도가 높아지고 분량이 많아져 더 많은 시간과 에너지가 필요하게 됩니다. 따라서 '과목별 시간 배분 → 학습 → 복습 → 풀이 → 채점 → 오답 체크'라는 일련의 과정을 익히기 위해서라도 부모나 학원, 개인 교습 등 누군가의 도움을 받을 필요가 있습니다. 그리고 저는 이 과정을 외부에 맡기지 않고 습관 교육을 통해 훈련한 것입니다.

공부 습관의 기초는 엄마가 만들어 줘야 한다

아이에게 공부하라는 잔소리를 하지 않고 좋은 말만 해줄 수 있다면 얼마나 좋을까요? 습관 교육을 하며 아이들을 관찰해 보니 알아서 공부하는 일은 엄마의 헛된 바람일 뿐임을 알게 되었습니다. 가끔은 엄마가 시키든, 스스로 목표가 생기든, 필요와 동기가 생기면 아이들은 무서운 속도로 그날의 과제를 마칩니다. 예를 들어 그날 해야 할 공부를 마치면 게임, 만화책, 용돈 등 아이들이 좋아하는 것을 허락한다는 '엄마의 조건'이나 친구와 놀기 위해 '스스로 정한 약속', 학교나 학원의 숙제 같은 '의무적인 동기'가 생기면 잔소리를 하기도 전에 공부를 마치죠.

하지만 아이들에게 공부에 대한 필요와 동기가 자주 생길 리는 없습니다. 아무런 내·외적 동기가 없는 평일은 더욱 그렇죠. 쌍둥이 남매도 한때 주말에 엄마 아빠와 함께하면 10~30분이면 끝낼 일도 주중에는 한 시간 이상씩 붙잡고 있었습니다. '숙제를 먼저 해야 TV나 학습 만화를 볼 수 있다', '엄마 아빠가 퇴근하기 전에 숙제를 마쳐야 검사를 받을 수 있다'고 잔소리, 협박, 칭찬, 선물 등 오만 가지 방법을 동원해 놀기 전에 엄마표 학습부터 하도록 가르쳤습니다. 또 엄마 아빠의 퇴근 후에는 채점하고 모르는 것을 챙기기에도 시간이 없다는 것을 계속 주지시키며 학교에서 배운 내용을 중심으로 공부를 챙기도록 독려했습니다. 초등학교 입학 전에는 채점이 필요하지 않은 쓰기 중심의 문제집으로, 입학 이후에는 주로 복습 위주로 공부를 시켰기 때문에 옆에서 가르쳐 주지 않아도 스스로 공부할 수 있었습니다.

솔직히 공부 습관을 들이면서 잔소리하지 않은 날은 손에 꼽을 정도였습니다. 칭찬도 했지만 가벼운 잔소리부터 높은 고성까지 아이들이 듣기 싫어하는 말을 하지 않은 날이 없었죠. 덕분에 아이들에게 엄마는 세상 무서운 사람이 되었습니다. 가끔 아이들이 "엄마가 싫다"거나 "공부가 싫다"고 말할 때면 저도 마음이 흔들렸습니다. 내가 너무 엄하게 규칙을 강조해서 아이들과의 관계가 벌어지지는 않을까 걱정도 되었죠. 하지만 쌍둥이 남매가 자신들의 삶에 주도권을 가지고 창의적이고 진취적으로 성장하길 바라면서, 무조건 부모의 말에 순종하는 태도를 기대하는 것 또한 앞뒤가 맞지 않는 욕심처럼 느껴졌습니다. 또 아이들이 투정 부릴 때마다 좌절하기보다 투정 부릴 만큼 엄마를 가깝게 여기는구나 싶어 안도했습니다. 투정은 버릇없는 행동과는 다른 행동이라고 생각했기 때문입니다. 좋게만 해석하는 것일 수도 있지만 아이들이 누구에게 가서 '좋다, 싫다, 힘들다'라는 속감정을 말하겠어요?

이렇게 내적 갈등을 겪으면서도 습관 교육을 꾸준히 지속했습니다. 그랬더니 제가 아프거나 회사일로 바빠 신경을 쓰지 못할 때도 아이들은 스스로 숙제와 복습을 이어갔습니다.

사실 무서운 엄마 밑에서 공부 습관을 들인 덕분인지 쌍둥이 남매는 집보다 학교에서 더 잘하는 편입니다. 덕분에 매년 담임 선생님과 상담할 때마다 "직장에 다니면서도 아이를 잘 키운 엄마"라는 칭찬을 받으며 상담을 시작할 수 있었죠. 수업 태도가 바르고 숙제를 잘 해가니 모범적인 학생이라는 평가를 받게 된 것인데요. 그러자 이 이미지를 유지하고 싶은 아이들이 스스로 최소한의 공부는 해야 한다고 생각하기 시작했습니다.

공부 습관은 아이의 내적 동기에서 발전한다

공부 습관을 잡아 주기 위해 혼을 내거나 잔소리를 하기도 했지만 억지로 아이들을 끌고 가는 것이 목표는 아니었습니다. 그렇게 하기에는 한계가 있기도 하고요. 공부 습관을 들일 때는 아이만의 동기를 발견하게 하는 것이 대단히 중요합니다.

습관이 되면 공부처럼 하기 싫은 일도 당연히 해야 하는 일로 인식하게 됩니다. 반사적으로 몸에 배어 공부하는 데 필요한 에너지의 양이 낮아지죠. 아침에 일어나 밥 먹고 양치하는 일이 자연스럽듯이 학교에서 돌아오면 공부한 내용을 복습하고 독서한 다음에 노는 것을 당연한 것으로 받아들이게 되는 것입니다. 이런 습관을 만들기 위해서는 공부를 얼마나 하느냐는 중요하지 않았습니다. 아이들이 힘들어하면 분량을 줄이고 진도를 낮추더라도 매일 자연스럽게 반복하는데 초점을 맞추었습니다. 엄마 주도가 아닌 아이 주도로 공부하길 바랐기 때문이죠.

딸 방글이(애칭)의 경우 시작은 엄마가 시켜서 했지만, 아침에 눈뜨자마자 그리고 유치원에 다녀오자마자 그날의 숙제를 빠르게 마쳤습니다. 기특해서 이유를 물었더니 빨리 끝내야 놀 시간이 생기기 때문이라고 하더군요. 어릴 때에는 이런 동기 역시 매우 훌륭하다고 생각합니다.

저는 아이들의 내적 동기를 자극하기 위해 다양한 방법을 사용했습니다. 그중 하나가 바로 '방해-금지 방법'입니다. 쌍둥이 남매는 잠자기 전에 주로 책을 읽는데요. 잘 시간이 임박했는데도 계속 책을 손에 들고 있으면 말을 걸거나 그만 읽고 자라고 방해했습니다. 아이들은 당연히 책에 빠져서 거절합니다. 그러면 약간의 시간을 두고 지켜보다가 다시 그만 읽으라고 합니다. 잘 시간을 지키도록 독서를 금지하는 거죠. 아이는 스스로 그만두는 것이 아니기 때문에 책을 읽고 싶은 마음이 더 간절해집니다. 이처럼 '하지 말라고 방해하고 금지하면 더 하고 싶어지는 심리'는 내적 동기를 만들어 주는 좋은 방법입니다.

아이가 책 읽는 것을 싫어하는 엄마는 없을 겁니다. 그래서 책을 읽을 때마다 엄마가 늘 칭찬만 한다면 아이는 책 읽는 행위를 엄마가 좋아하는 일, 칭찬받는 일이라는 외적 동기로 여기기 쉽습니다. 하지만 방해-금지 방법을 사용하면 아이는 '독서는 엄마가 시켜서 하는 행위가 아니라 내가 원해서 하는 일'이라고 여기게 됩니다. 고스란히 아이의 내적 동기가 되는 것이죠.

쌍둥이 남매는 한창 재미있게 읽고 있을 때 엄마의 방해로 책을 다 읽지 못하고 잠든 다음 날이면 아침에 눈을 뜨자마자 책부터 읽습니다. 어떤 날에는 엄마 아빠보다 먼저 일어나 책을 읽기도 하죠. 화장실에 볼일을 보러 들어가면서도 책을 챙기는 바람에 오래 앉아 있는 아이들에게 그만 읽고 나오라고 말해야 할 때도 있습니다. 가끔 아이들 입에서 "책이 TV보다 더 재미있어요." "쉴 때는 책 읽는 것이 최고지."라는 말이 나올 때마다 얼마나 웃음이 나오는지 모릅니다.

다음으로 '위인전 독서'도 내적 동기를 활성화하는 데 좋은 방법입니다. 저희 집의 경우 위인전은 초등학교에 입학한 뒤 전집을 구비하면서 천천히 읽기 시작했는데요. 위인전을 읽으면 위대한 발명가나 사상가의 업적도 배울 수 있지만 그 사람이 어떤 계기(동기)로 자신의 과업을 발견하고 그것을 이루기 위해 얼마만큼 노력(공부)을 기울였는지도 배울 수 있습니다. 아이들이 위인전을 읽고 모범 사례를 접한 뒤 사회, 과학 등의 지식 도서를 통해 구체적으로 하고 싶은 일을 발견하길 바랐습니다. 그리고 이런 과정을 거치면서 공부란 누가 시켜서 하는 것(외적 동기)이 아니라 스스로 하고 싶어 하는 일(내적 동기)이라고 받아들이길 기대했죠.

마지막으로 저는 기록의 방법을 사용했습니다. 아이들에게 자신감의 근거를 마련해 주고 싶었기 때문입니다. 블로그에 기록하기도 하고, 아이들이 직접 관리한 체크리스트도 버리지 않고 책으로 제본해 두었습니다. 이 방법의 또 다른 좋은 점은 기록들을 통해 아이들이 언제 힘들어했고, 언제 잘했는지 확인해 역량에 맞춰 공부 속도와 분량을 조절할 수 있다는 것입니다. 기록이라는 근거 있는 자신감은 아이들과 저의 내적 동기를 강화시키는 데 중요한 에너지가 되었습니다.

이처럼 내적 동기를 만들어 주려고 부모가 아무리 애쓰더라도 아이가 어리면 스스로 공부해야 하는 이유를 찾고, 내재화하기가 쉽지 않습니다. 부모라는 외부의 힘으로 이끌어 갈 뿐이죠. 그러면 아이들은 언제쯤 자기 주도적으로 공부하고 자기 앞가림을 하게 될까요? 이렇게 말씀드리면 이 책을 덮을지도 모르지만 저는 그 시기를 '대학 입시를 마칠 때까지'로 보고 있습니다. 어릴 때는 작은 보상만으로도 공부가 즐겁다는 경험을 만들어 줄 수 있지만 크면 클수록 이런 보상만으로 아이를 움직이기 어렵습니다. 그래서 지금처럼 공부 계획을 세워 주고 실천을 점검하고 문제집을 채점해 주는 일은 초등학교 기간으로 끝낼 생각입니다. 그 이후에는 어떻게 살아야 하는지, 왜 공부를 해야 하는지 보다 근원적인 공부 동기를 찾아 내재화할 수 있도록 노력할 생각입니다.

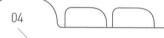

성공적인 학교생활의 바탕이 되는 자기 주도적 생활 습관

공부 습관을 길러 주기 위해 노력하면서 자연스럽게 기본적인 생활 습관 교육도 같이 이루어졌습니다. 저는 특히 근면 성실함, 규칙과 질서 지키기, 정리 정돈을 중요시하였는데요. 이는 고스란히 학교생활에도 많은 도움이 되었습니다.

일찍 일어나는 습관

저는 아이들에게 일찍 일어나는 습관을 만들어 주기 위해 노력했습니다. 당연한 이야기지만 일찍 일어나려면 전날 일찍 자야 합니다.

말은 쉽지만 이런 습관을 하루아침에 만들기는 힘듭니다. 몇몇 회사 동료의 이야기를 들어 보니 엄마 아빠가 늦게 퇴근하면 아이들도 그 시간에 맞춰 늦게 잠자리에 든다고 하더군요. 늦잠으로 하루를 늦게 시작하면 허둥지둥 아침밥을 먹으며 등교 준비를 서두르게 됩니다. 이 과정에서 "빨리 해라!" "꾸물거리지 마라." 등 아이에게 잔소리를 하거나 짜증을 내게 되죠. 이런 날은 출근해서도 하루 종일 마음이 불편합니다. 약간의 여유만 가져도 아침에 서두르지 않아도 되는데, 이게 습관이 안 되면 불편한 상황이 반복됩니다.

그래서 저희 부부는 아이들이 아주 어렸을 때부터 엄마 아빠가 아직 퇴근하지 않았더라도 9시에는 잠자리에 들도록 했습니다. 초등학교에 들어가고 나서는 그 시간이 30~40분 가량 늦어졌지만 10시를 넘기지는 않았습니다. 이를 위해 부모 중 한 사람이라도 아침과 저녁 시간을 함께할 수 있도록 노력했습니다. 아침에는 출근 시간이 남편보다 늦는 제가 주로 아이들을 챙깁니다. 저녁에는 아이들이 잠들기 전에 한 사람이라도 집에 올 수 있도록 서로의 일정을 조정합니다. 물론 부부만의 힘으로는 불가능하여 친정 부모님과 돌봄 시터의 도움을 받기도 하였지만, 불가능한 일은 아니었습니다.

저희 아이들은 매일 일찍 일어나기가 습관이 되면서 책을 읽고 놀이까지 할 정도로 시간적 여유가 생겼습니다.

아침 독서 습관

아침 일찍 일어나 함께 밥을 먹고 나면 하루를 점검하며 남은 시간을 보냅니다. 입학 후에는 계획표를 보며 오늘은 몇 교시까지 수업이 있는지 확인하고 그날의 일정과 준비물을 챙깁니다. 그래도 시간이 남으면 독서를 권합니다. 오래전에 읽은 『기적의 아키타 공부법』(아베 노보루, 김영사)이란 책에 대단히 감명 받았기 때문입니다. 워낙 유명한 책이라 이미 알고 있는 분들도 많을 텐데요. 전국 꼴찌였던 아키타의 산골 아이들이 대도시 아이들을 제치고 전국학력평가에서 연속 1위를 한 비결을 소개한 책입니다. 그 비결은 바로 아침 독서였죠.

저는 쌍둥이 남매에게 독서할 때 한 가지 요청을 합니다. 바로 소리 내어 읽으며 자신의 목소리를 듣게 하는 것입니다. 소리 내어 책을 읽으면 천천히 읽을 수 있기 때문에 생각하며 이야기를 읽는 힘을 길러 줄 수 있습니다. 다만 그 전까지 시키면 잘 해내던 아이들이 입학하고 어느 정도 시간이 지나자 시켜도 잘 안하려고 하더군요. 소리 내어 읽는 연습을 해보고 싶다면, 빨리 시작하는 것이 좋을 것 같습니다.

안전 규칙 준수 습관

교통 규칙과 같은 안전 규칙을 준수하도록 각별히 신경 썼습니다.

급한 일이 있더라도 횡단보도를 건널 때는 꼭 신호등에 따라 이동하며 규칙을 지키는 모범을 보였죠. 지하철을 이용할 때 내리는 사람이 다 내릴 때까지 기다렸다가 순서를 지켜 타는 습관, 놀이공원이나 박물관과 같은 공공장소에서 줄을 설 때 다른 사람에게 피해를 주지 않는 태도를 가르쳤습니다.

무엇보다 공공장소에서는 뛰거나 친구들과 위험한 장난을 하지 않고 질서를 지키도록 철저히 가르치려고 노력했습니다. 교실은 많은 아이들이 작은 공간에서 오랜 시간을 함께 보내기 때문에 필연적으로 부딪침이 발생할 수밖에 없습니다. 학교의 점심 급식 시간에 순서를 지키지 않거나 식판에 음식이 담겨 있는 상태에서 장난을 치는 경우, 복도에서 뛰거나, 화장실의 문을 잡고 장난을 하는 경우 안전사고는 언제 어디서 발생할지 모르는 일입니다. 새치기를 하고 위험한 장난을 해도 제지받은 경험이 없는 경우 교실에서 지적받는 아이가 되기도 하더라고요. 이런 생활 태도 역시 하루아침에 만들어지는 것이 아니므로 일상 속에서 다양한 경험을 통해 안전 규칙을 가르쳐야 한다고 생각했습니다.

정리 정돈 습관

자기 전에는 잠자리와 책가방을 스스로 준비하게 했고, 아침에는 잠옷을 정리하고 스스로 그날 입을 옷을 선택해 입게 했습니다. 책상 정리를 비롯해 물건을 정해진 자리에 두는 연습도 했습니다. 외출 후에도 옷을 제자리에 걸어 두게 했죠. 제가 없어도 모든 것이 가능하도록 말입니다.

물건을 정리하는 것만큼이나 내 시간을 준비하고 계획하는 연습도 중요한 정리 정돈 습관이라고 생각했습니다. 그래서 스케줄 표를 보며 그날 해야 하는 일을 조정하는 연습도 함께했습니다. 그날의 학습에 필요한 문제집을 챙기고, 그날 읽을 책을 골랐습니다.

생활 습관, 어디까지 준비시켜야 할까?

사소하지만 준비해 두면 좋은 생활 습관으로는 화장실 이용하기, 젓가락 사용하기, 우유팩 혼자 따기 등이 있는데요. 유치원에서는 선생님의 도움을 받았던 일들인지라 아이 혼자서 할 수 있을까 상당히 걱정했습니다.

그런데 실제로 입학하고 보니 우려와 달리 수업 중간에라도 조용히 손을 들면 화장실에 다녀올 수 있도록 배려해 주는 경우가 많았습니다. 물론 아이들에게는 쉬는 시간에 반드시 화장실에 먼저 다녀온 뒤 수업 준비를 하거나 친구들과 놀아야 한다고 알려 주어야 합니다. 하지만 수업 중간에라도 화장실이 급하다면 의사 표시를 할 수 있도록 집에서 연습시킬 필요가 있습니다. 젓가락 사용이나 우유팩 여는 일은 집에서 몇 번 연습해 보고 친구들이 하는 것을 보다 보면 자연스럽게 습득할 수 있습니다.

가벼운 생활 습관의 대부분은 유치원과 가정에서 이미 연습한 것들이며 조금만 신경 쓰면 열흘 안에도 배울 수 있으니 걱정 안 하셔도 됩니다.

계획표를 활용하면
습관 만들기가 쉬워진다

매일 무언가를 열심히 해도 나아지지 않는 가장 큰 이유는 방향이 잘못 설정되었거나 올바른 목표가 없기 때문입니다. 습관 교육에서 가장 중요한 일 역시 목표를 정하는 것이었습니다. 그리고 목표를 제대로 실천할 수 있게 돕는 도구로 계획표를 활용하였습니다. 구체적인 계획표를 세워 매일 어떤 일을 해야 하는지 알려 주었지요.

아이들이 초등학교에 입학하기 전에는 챙겨야 할 학습 목표가 하루 한 권 독서, 한글과 수학 문제집 1장씩 풀기가 전부였기 때문에 계획표를 적극적으로 활용할 필요가 없었습니다. 다만 아이가 그날 할 일이 있다는 것을 인지하기 좋게 '했다, 안 했다' 여부를 표시할 수 있는 체크리스트를 사용했습니다. 유치원 때는 끝나는 시각도 일정하고 하원 이후에는 돌봄 시터나 친정 부모님이 챙겨 주셨기 때문에 아이들에게 따로 복잡한 계획표가 필요 없었습니다. 더욱이 당시 아이들에게는 독서도 일종의 놀이라 일일이 말할 필요가 없었기 때문에 그저 매일 아침마다 엄마 아빠가 퇴근하기 전까지 문제집 1장씩만 풀어 놓으라고 말하거나 간단한 체크리스트를 사용하는 것으로 충분했습니다. 하지만 초등학교에 입학한 뒤 더 빨라진 등교 시각을 비롯해 요일마다 다른 수업 종료 시각과 방과 후 수업, 학원 등 챙길 일상이 늘어나자 일정을 챙기는 데 한계를 느꼈습니다. 그래서 본격적으로 계획표를 활용하기 시작했고 다음과 같은 효과를 볼 수 있었습니다.

• 구구절절 말할 필요가 사라진다

제 경우 아이들이 쌍둥이다 보니 신경 쓸 일이 조금 더 많은 편이었습니다. 일부러 반 배정을 달리 하고, 각자의 특성에 맞게 서로 다른 방과 후 수업을 신청하는 바람에 더욱 바빴죠. 아이마다 서로 다른 반의 알림장(요즘은 알리미 앱)을 관리하면서 여러 가지 사항을 일러 주다 보니 매일 아침마다 바쁘고 정신이 없었습니다. 그래서 메모지를 활용해 그날의 할 일을 손으로 적어 주고, 아이들에게 체크하도록 했습니다.

계획표로 저마다의 할 일을 챙기면서 "책 한 권 읽고, 한글 문제집 1장과 수학 문제집 1장 풀고, 오늘은 방과 후 수업이 있고, 학원 수업은 없고, 할 일 먼저하고 하고 싶은 일을 해라." 등등의 긴 잔소리가 "계획표 보고 다 한 일은 체크하자."로 줄어들게 되었습니다. 이를 통해 아침마다 일부러 챙겨 말하지 않아도 응당 오늘의 할 일이 정해져 있다는 것을 아이들이 인지하면서 저희 집의 일상은 조금 더 여유로워졌습니다. 스스로 앞으로의 일정을 가늠하는 능력을 기르는 데도 도움이 되더군요.

물론 쌍둥이 남매도 처음에는 엄마가 만들어 준 계획표에 체크를 하는 것만으로도 바빴습니다. 그러더니 학년이 올라간 어느 날부터는 표시하는 방법이 불편하니까 계획표 양식을 고쳐 달라, 공부의 양을 줄여 달라, 요일별로 조절해 달라는 등 다양한 요구를 쏟아내며 주도권을 가져갔습니다. 엄마가 공부를 이끌어 준다고 해서 자기 주도적 학습이 불가능할 것이라는 걱정은 기우에 불과했습니다.

• 아이의 현재 실력을 파악하기 쉽다

아이의 일과를 계획표로 기록하고 실천한 내용을 체크하다 보면 현재의 학습이나 활동이 적절한지에 대해 부모가 정확하게 알게 됩니다. '그랬던 것 같아' 식의 부정확한 기억이 아니라 정확한 기록과 통계에 근거해 아이의 역량을 파악할 수 있게 되죠. 계획표를 사용해 실천 기록을 꾸준히 쌓아 두면 매일 어느 정도 분량의 책을 읽는지, 문제집의 분량과 진도는 적절한지, 공부하는 데 시간이 너무 많이 소요돼 놀 시간이나 쉴 시간이 부족하지는 않은지 등을 객관적으로 판단할 수 있는 근거를 얻을 수 있기 때문입니다. 이를 근거로 계획표를 수정하다 보면 아이의 실력과 수준에 맞는 학습 목표를 세우게 됩니다.

물론 계획표가 있다고 해서 실천 습관이 저절로 만들어지는 건 아닙니다. 목표를 만들고 계획을 세워도 제대로 실천하지 못하는 이유는 다양하죠. 아이의 역량을 제대로 파악하지 못하고 무리한 목표를 세우거나, 일의 우선순위를 고려하지 않거나, 가장 중요한 쉬는 시간을 적절히 배치하지 못하는 등 실천 가능한 역량보다 의욕이 앞서는 경우가 많습니다. 거기에 공부가 놀이보다 재미없다는 이유도 한몫합니다.

꾸준히 목표를 실천하기 위해서는 실천 결과를 점검하고, 목표를 재조정해 성공을 계속 경험할 수 있게 해야 합니다. 그런 의미에서 계획표는 성공의 경험을 직접 눈으로 확인하게 만드는 도구라고 할 수 있습니다. 매일 정해진 일을 완수하는 반복적인 성공 경험을 통해 '더 열심히 해야겠다', '잘 해야겠다'는 동기가 부여되는 순간까지만 부모가 함께하면 됩니다. 저는 여기까지가 엄마표 학습의 목표라고 생각합니다. 그 이후부터는 조금씩 아이들에게 재량권을 주는 거죠. 그러다 어느새 엄마가 만들어 준 스케줄이 아니라 아이가 직접 시간, 학습 분량, 진도 등을 고려해 계획표를 세우고 실천하고 있다면 자기 주도력이 생긴 것으로 보아도 좋을 것입니다.

다만 계획표를 활용해 아이에 맞는 학습을 엄마표로 진행한다고 해서 모든 단원 평가에서 100점을 받거나 1등을 하는 건 아닙니다. 하지만 '나는 잘하고 있다.' '나는 할 수 있다.'는 자신감만큼은 100점인 아이로 성장한다고 자신 있게 말할 수 있습니다.

습관을 만드는
효과적인 계획표 세우기와 실천법

계획표에도 다양한 스타일이 있습니다. 하나의 스타일만 사용하기보다 내 아이에게 맞는 스타일을 찾아, 상황에 따라 다양하게 사용할 것을 권합니다. 저희는 처음에는 그날그날 해야 하는 일만 적어 놓은 일과표를 사용했습니다. 그러다가 주간 계획표(주간 계획표 양식은 부록에서 확인할 수 있습니다.)를 사용하게 되었죠. 주간 계획표는 다른 날과 비교할 수 있다는 장점이 있었습니다. 아이들은 이미 진도를 끝마친 문제집 제목이 그대로 써 있거나 그날 공부하기로 정해 둔 과목이 아닌데 적혀 있는 경우, 회사에 있는 저나 남편에게 전화해 수정 사항을 통보하고 행동했습니다. 또 학교에서 숙제를 내주거나 추가로 할 일이 생기면 빈 칸에 적어 넣기도 했습니다. 학교 진도보다 엄마표 학습의 수학 진도가 더 빠를 경우에는 과목을 변경해서 국어를 하자고 제안하기도 했고요. 주간 계획표를 사용하게 되면서 아이들은 저절로 자기 할 일을 관리하게 되었습니다. 계획표를 보며 학원과 방과 후 수업이 없는 날을 확인하고 친구들과 약속을 잡거나 놀이를 계획하는 소소한 즐거움을 맛보기도 했습니다.

방학 때는 계획표를 별도로 만들었습니다. 온전히 방학용 목록을 만들어 출력하거나 별도의 수첩에다 일정을 관리했죠. 아이들이 해야 할 일에는 크게 변화가 없었지만 학기 중과 스케줄이 달랐기 때문이었습니다. 주말 역시 평일과는 다른 스케줄을 만들었습니다. 문제집도 달리 해 차별화를 꾀했는데요. 가령 주중에는 연산 문제집을 한 장씩 풀었다면 주말에는 연산을 쉬고 사고력 문제집을 두 장 푸는 식으로 스케줄에 변화를 주었습니다. 가끔 주말에 외출 일정이 생기면 공부를 안 하고 넘어가기도 했는데, 매일 해야 하는 일들을 주중에 배치하고, 하루쯤 건너뛰어도 되는 것들을 주말에 배치하니 한두 번쯤 못 하고 지나가도 크게 마음이 무겁지 않더군요. 같은 맥락에서 명절, 방학, 여행 등 이벤트가 있는 기간에는 평일과 목표를 달리 설정하고 관리하는 편이 효과적이었습니다.

엄마와 아이에게 맞는 계획표 스타일을 찾아라

쌍둥이 남매와 그동안 사용한 계획표 스타일의 특징과 사용법에 대해 소개하고자 합니다.

• 체크리스트 방식의 계획표

계획표를 작성하는 데에는 요령이 필요합니다. 저 역시 다양한 방법으로 아이들의 계획표를 짜고 실천하면서 저만의 요령을 터득할 수 있었는데요. 아이들의 초등학교 입학을 준비하며 처음으로 사용한 계획표는 할 일을 나열한 간단한 체크리스트 방식이었습니다. 하나하나 잔소리하며 달성 여부를 체크하기보다는 아이 스스로 자기가 한 일에 '완료'를 표시하게 했죠. 단 다음의 몇 가지 사항에 유의했습니다.

- '했다, 안 했다'로 체크할 수 있는 일, 기준이 명확한 일
- 신경을 쓰고 약간의 노력을 들이면 아이가 해낼 수 있는 일
- 매일 규칙적으로 반복할 수 있는 일

이러한 기준으로 설정한 목표를 통해 그날 꼭 해야 할 일을 인지시키고, 잔소리하지 않아도 스스로 실천할 수 있도록 유도했습니다.

· 시간별 계획표

　시간별 계획표를 작성하면 앞으로 해야 할 일을 구체적으로 알 수 있다는 장점이 있습니다. 학교 시간표처럼 시간 순서대로 해야 할 일을 적어도 좋고, 방학 계획표처럼 하루 일과를 원 안에 표시해도 좋습니다. 이도 저도 귀찮다면 초등학생용 플래너와 같은 다양한 형태의 시간 관리 도구를 활용해도 상관없습니다.

　다음은 저와 쌍둥이 남매의 계획표입니다. 처음에는 손으로 썼다가, 하루씩 출력했다가, 또 한 주씩 출력하는 등 점점 발전해 갔습니다.

　처음에는 손으로 써서 계획표를 만들었는데 매일 쓰려니 힘에 부

● ● ●
편한 방법을 찾아 조금씩 발전시켜 나간 계획표

치더군요. 결국 엑셀 프로그램으로 계획표의 틀을 만들고 프린터로 인쇄해 요일별로 수첩에 붙였습니다. 계획표에는 매일 해야 하는 엄마표 학습, 방과 후 수업 및 학원 스케줄, 운동, 알림장 챙기기 등 간단한 항목들을 적었습니다. 그리고 자연스럽게 체크리스트와 시간 순서가 혼합된 형태의 계획표를 일주일 단위로 작성해 관리하는 방식으로 자리가 잡혔습니다. 가끔 포스트잇을 이용해 아이들에게 편지를 써 계획표에 붙여 주기도 했습니다. 물론 두 아이에게 쓰려니 힘이 들어 자주 하지는 못했지만요.

소개해 드린 다양한 계획표 스타일 중 어떤 것이 가장 마음에 드시나요? 어떤 것이 가장 좋은 계획표인가에 대해서는 정답이 없습니다. 내 아이에게 맞는 것이 가장 좋은 계획표죠. 내 아이 수준에 과제가 적절한지, 여유 시간은 충분한지도 중요하고요.

저절로 실천하고 싶게 만드는 방법

다양한 시도를 통해 나와 아이가 편안하게 느끼는 계획표를 찾았다면 이제 실천에 옮겨야 하는데요. 제가 사용한 실천법은 다음과 같습니다.

• 실천법 1 : 아이의 역량과 성향에 맞춰 하루 1장씩만 풀기

한글 문제집을 하루에 1장씩 푸는 것으로 공부 습관 만들기를 시작했습니다. 그러다 수학 문제집을 추가했지요. 처음에 선택한 문제집들은 그림이 많아서 한 장이라고 해도 실제로 아이가 하는 양은 한 페이지도 채 안 되는 경우가 많았습니다. 부담이 그리 크지 않았죠. 하지만 한글의 읽고 쓰기가 준비되어 있지 않은 상태라 단어 쓰기마저도 어려워했기 때문에 아이들의 수준을 고려해 자음과 모음 쓰기를 각각 연습할 수 있는 단계로 낮춰 시작했습니다. 수학 문제집 역시 셈을 어려워하는 아이들을 위해 숫자를 읽고 쓰는 문제집으로 바꿔 주었습니다.

아무리 부모라도 처음부터 아이 수준을 다 알 수는 없습니다. 매일 똑같은 잔소리를 반복하고 있거나 아이가 학습에 어려움을 느끼는 것처럼 보인다면, 분량을 줄이거나 수준이 낮은 다른 문제집으로 교체하면서 아이의 수준, 역량을 파악해야 합니다. 그래야 서로 지치지 않고 꾸준히 학습을 이어 나갈 수 있습니다.

이때 아이의 실력도 실력이지만, 성향도 영향을 미치더군요. 딸 방글이의 경우는 분량 때문에 시간이 오래 걸리는 일이 없었지만 아들 땡글이는 그날그날 기분에 따라 공부를 마치는 시간이 달랐습니다.

처음에는 매일 아침저녁으로 엄마 아빠가 짧게라도 함께 책을 읽거나 문제집을 채점하며 공부에 관심을 보이니 두 아이 모두 놀이처럼 여기며 열심히 했습니다. 그런데 시간이 지나니 아이들의 성향에

따라 확연히 차이가 나기 시작했습니다. 방글이는 아침에 눈을 뜨면 밥을 먹기도 전에 하루 일과를 체크하고 숙제를 먼저 시작했습니다. 반면에 땡글이는 눈을 뜨자마자 놀았습니다. 다행히 독서는 일종의 놀이로 여긴 덕분에 어려움이 없었지만, 문제집 풀이를 놀이보다 먼저 하는 일은 좀처럼 없었습니다. 퇴근하고 돌아와 보면 방글이는 숙제를 이미 다 해놓고 TV를 보며 놀고 있는데, 땡글이는 엄마 아빠가 퇴근하기 직전부터 문제집을 풀기 시작해 미처 끝내지 못한 경우가 비일비재했습니다. 엄마가 제시한 과제가 겨우 문제집 한두 장으로 동일한데도 한 아이는 시간이 남아서 놀고 한 아이는 분량이 많다며 투덜댔죠. 결국 한 페이지를 꽉 채워 글씨 연습을 한 방글이와 달리, 땡글이는 반 페이지만 채우는 식으로 분량을 조절해 주었습니다. 그래도 한 장씩은 꼭 풀도록 했습니다.

그렇게 1년을 지속했더니, 아이들이 푼 문제집이 10권이 넘었습니다. 한 장으로 무슨 학습 효과가 있겠느냐고 하시던 친정 엄마도, 대학생 자녀가 있는 돌봄 시터 분도 오랜 기간 꾸준히 해내더니 상당한 분량이 되었다며 칭찬을 아끼지 않으셨습니다. 가랑비에 옷이 젖듯 매일 습관처럼 공부한 거죠. 복습을 중심으로 쉬운 수준부터 적은 분량씩, 아이의 속도에 맞춰 학습 계획을 짠다면 부모가 직접 공부를 가르쳐야 하는 부담을 덜 수 있어서 지속하기 쉽습니다.

• 실천법 2 : 변화의 단계에서는 충분한 시간과 적당한 강제가 필요하다

쌍둥이 남매가 항상 잘해 온 것은 아닙니다. 잘하는 기간과 잔소리하는 기간의 반복이었죠. 처음에는 어린 아이들을 붙잡고 공부 때문에 잔소리하는 제가 한심했습니다. 겨우 이 정도도 못 해내나 싶어 아이들을 보며 답답한 마음도 들었고요. 그러나 멈추지 않고 꾸준히 지속하자 어느 정도 성공과 실패의 패턴이 보이기 시작했습니다. 저와 아이들 역시 조금씩 단단해지고 있었던 거죠.

아이들이 초등학교에 입학하기 전에는 습관을 들이기 위해 문제집이 한 권 끝날 때마다 과자 파티를 열곤 했습니다. 그러다 초등학교에 입학한 후에는 용돈을 주거나 학습 만화책을 선물했습니다.

이와 반대로 적당한 벌칙을 사용하기도 했습니다. 화를 내면 즉각적인 효과를 볼 수 있지만 권하고 싶지는 않습니다. 아이를 혼내고 출근하면 하루 종일 마음이 쓰이기 때문이죠.

저희 집에서 가장 효과가 좋았던 방법은 미디어 사용 시간을 제한하고 만화책을 금지시키는 것이었습니다. 초등학교 입학 전후로 저희 집의 디지털 매체 사용 기준은 평일에는 EBS TV 시청 1시간 이내, 주말에는 TV나 DVD 시청 1시간, 스마트폰 게임 30분, 만화책의 기준은 평일에는 학습 만화, 주말에는 모든 만화책을 볼 수 있었는데요. 공부뿐 아니라 생활 습관이 흐트러지거나 남매끼리 싸움이 반복되면 먼저 경고를 주었습니다. 그리고 세 번의 경고가 누적되면 일주일간 미디어와 만화책을 모두 금지시키는 벌칙을 주었습니다. 그럴 때면 쌍둥이 남매는 다음 주를 위해 바짝 일정을 관리하고 공부를 열심히 했습니다. 좀 더 예의 바르게 행동하기도 했고요. 텔레비전과 만화책을 보지 못해 시간이 남아돌 때면 글밥이 많고 두툼한 책에 도전하기도 했습니다. 그러다 책이 재미있으면 벌칙 기간이 끝난 뒤에도 이어서 읽곤 했죠.

어떤 일을 하는 데 재^{才, 재주}가 잡히려면 10년은 걸린다는 말이 있습니다. 어른도 무언가를 하는 데 자연스럽게 되기까지 상당한 시간과 노력이 필요합니다. 그러니 아이는 오죽할까요? 게다가 공부는 그런 시간과 노력이 아주 많이 필요한 작업 중 하나입니다.

놀이인 줄 알고 멋모르고 하던 시기가 살짝 지나자 아이들은 '거부하기 → 꾸물대기 → 시키면 꾸물대다가 하기 → 시키면 그냥 하기 → 안 시켜도 하기' 등의 모습을 순차적으로 보였습니다. 그리고 각 단계를 넘어서는 데 보통 1~2년 정도 걸린 듯합니다. 21센티 습관 교육을 실천한 지 5년 차인 현재, 4학년이 된 쌍둥이 남매는 '시키면 그냥 하기' 단계에 있습니다. 가끔 시키지 않아도 공부하는 모습을 보여 주기도 하는데요. 그럴 땐 엉덩이를 두드려 주며 칭찬을 듬뿍 하고 있습니다.

간혹 엄마들 중에는 "아이들에게 규칙을 강요하기 힘들다." "놀고 나서 공부한다는데 안 된다고 거절하기 힘들다."라고 말하며 습관을 규칙적으로 적용하기 힘들어하는 모습을 보이기도 하는데요. 특히 아이와 함께하는 시간이 적은 워킹맘의 경우라면 한없이 아이에게

약해지는 마음을 충분히 이해합니다. 하지만 꾸준한 태도와 습관을 만들어 주기 위해서는 규칙을 정해 단호하고 엄하게 대할 필요도 있답니다.

• 실천법 3 : 공부와 놀이는 분리시킨다

공부 습관을 만드는 효과적인 방법은 공부가 끝나야 놀 수 있다는 사실을 아이에게 정확하게 인지시키는 것입니다. 이를 위해 주어진 공부량을 끝냈을 때 "이제 공부가 끝났다!" 혹은 "지금부터 노는 시간이다!"라고 선언하게 함으로써 공부와 놀이를 분리시키는 것도 좋은 방법입니다.

쌍둥이 남매가 유치원에 다닐 때의 일입니다. 겨울에도 가능한 실내 운동을 찾다가 아이 친구들 대여섯 명이 함께 태권도 학원에 등록했습니다. 수업에 참관해 보니 다양한 체육 도구를 사용해 놀더군요. 그런데 수업이 끝나자 아이들이 "야, 우리 지금부터 놀자!"라고 소리치며 놀이터로 뛰어가는 것입니다. 여태 태권도장에서 놀지 않았느냐는 엄마들의 질문에 아이들은 그것은 수업이지 논 게 아니라고 합창했습니다. 당시 아이들이 고작 5세였는데, 나이가 어려도 놀이를 가장한 학습을 구별해 낼 수 있다는 사실을 깨닫고 그 이후부터는 학습과 놀이를 철저하게 분리하기 시작했습니다.

공부는 절대로 놀이가 될 수 없습니다. 공부를 통해 원리를 깨우치며 재미를 발견하는 거지, 처음부터 공부가 재미있어서 하는 사람은 본 적이 없습니다. 어떤 사교육 업체는 놀이에 학습을 접목시켜 다양한 프로그램을 개발했다며 선전합니다. 그러나 아무리 놀이 요소를 접목시켜도 아이들은 선생님과 함께한 시간은 학습으로 인식합니다. 엄마와 함께 스티커를 붙이며 놀아도 학습지는 공부라는 것을 귀신같이 알아채죠. 아이는 엄마가 스티커를 붙이도록 도와주며 함께하는 시간, 스티커를 모두 붙였을 때 엄마가 보여 주는 행복한 표정을 좋아할 뿐 학습을 좋아하는 것은 아닙니다. 그나마 스티커도 대근육이 발달하지 않아 연필을 잡기 어려운 유아 시절에나 좋아하지 연필을 자유자재로 사용하게 되는 7세 이후부터는 쳐다보지도 않는 경우가 많습니다. 스티커를 떼고 붙이는 것보다 연필로 체크하는 것이 더 편하다는 걸 아이들도 알게 되기 때문이죠.

공부를 끝내야 하는 시각을 아이와 함께 정하는 것은 공부와 놀이를 분리시키는 좋은 방법입니다. 그러면 아이들은 마감 시간 내에 공부를 마치려고 노력하게 됩니다. 무엇보다 해야 할 일을 모두 마치고 나면 나머지 시간을 어떻게 보낼지는 아이의 선택에 맡겨야 합니다.

• 실천법 4 : 자유 시간은 아이 뜻대로

처음에는 아이들이 약속한 엄마표 학습을 너무 빨리 끝내고 놀고 있는 것을 보면 뭐라도 더 시켜야 할 것 같은 불안감이 들었습니다. 소리 내어 책 한 권 읽기, 문제집 한두 장 풀기는 때때로 버겁기도 했지만 대개는 가벼운 숙제였으니까요. 너무 일찍 숙제를 마치는 날이 이어졌을 때 저는 TV를 더 보게 해준다거나 간식을 미끼로 학습지 한 장을 더 시켜 보았습니다. 순진한 아이들은 엄마의 꼬임에 넘어가서 그날 공부해야 할 분량을 초과했고 저는 거기에 칭찬을 더했습니다. 그런데 언제부터인가 아이들의 공부 시간이 늘어지기 시작했습니다. 특히 아침에 공부를 끝내 놓고 저녁에 놀던 방글이가 아침에 공부를 하지 않더군요. 빨리 공부 끝내고 놀라는 제 잔소리에 "다하면 뭐 해? 엄마가 또 시킬 텐데!"라고 받아치는 아이의 말을 듣고서야 저는 아차, 했습니다.

그날 이후 미리 약속한 분량을 다해도 절대로 공부를 초과해서 시키지 않았습니다. 컨디션이 좋아 10분 만에 그날의 공부를 모두 끝내도 마찬가지였습니다.

제가 먼저 '정해진 분량만 공부하기'라는 약속을 지키자 아이들도 '해야 할 일을 먼저 하고 나서 하고 싶은 일 하기'라는 약속을 지켰습니다. 그뿐만 아니라 가끔씩 더 이른 시간에 공부를 마치거나, 다음 날 특별한 이벤트가 있는 경우 자발적으로 하루 전에 해야 할 공부 전부를 마쳐 놓는 날도 있었습니다.

• 실천법 5 : 어게인 작심삼일

습관 교육이라고는 하지만, 제가 아이들과 함께한 시간의 핵심은 공부입니다. 과도한 학습으로 치우치지 않도록 몇 가지 규칙을 정했을 뿐, 사실은 학원보다 더 엄격하게 진행한 엄마표 학습이었습니다.

저나 남편은 근무 시간이 '9 to 6'가 아니라 '6 to 9'일 정도로 빡빡한 회사에 다녔습니다. 그런데 어떻게 하나도 아닌 둘을 매일같이 공부시킬 수 있었을까요? 친정 엄마나 돌봄 시터가 매일같이 학습을 챙겨 주셨을까요? 아닙니다. 그분들은 제가 내준 숙제를 아이들이 했는지 안 했는지 체크만 할 뿐 내용까지 신경 쓰지는 않았습니다. 친정 엄마는 아이들이 6세가 되었을 때 이미 "공부는 못 가르치겠다!"라고 선언했습니다. 저는 친정 엄마가 아이들 일에 관여하는 적정선을 빨리 정해 주셔서 오히려 좋았습니다. 학습은 대리 양육자가 아닌 부모의 몫이라는 걸 빨리 깨닫고 방법을 궁리하게 됐거든요.

친정 부모님은 7시까지 아이들과 식사를 하시고 9시부터 아이들이 잘 수 있도록 준비해 주셨습니다. 저희 부부는 둘 중 하나라도 먼저 퇴근하면 신발도 벗기 전부터 쌍둥이 남매의 정신없는 수다를 들으며 허겁지겁 옷을 갈아입었습니다. 그러고는 숙제로 내준 문제집을 채점하고 다음 날의 공부를 챙기느라 대개 저녁도 못 먹고 씻지도 못한 채 아이들의 잠자리 독서를 시작하기 일쑤였습니다. 이런 상황에서 날마다 습관 만들기 훈련을 하는 것이 가능했을까요? 아니었습니다. 아이들을 못 챙기는 일이 자주 생겼고 훈련 교육은 빈번하게 중단됐습니다.

처음에는 매일 빠지지 않고 채점과 피드백을 하려고 했습니다. 하지만 날마다 챙기는 일은 생각보다 쉽지 않더군요. 그래서 늦은 퇴근을 핑계로 이틀이나 삼일 분량을 한꺼번에 점검했습니다. 얼마 지나지 않아 한꺼번에 몰아서 채점하는 저희도 힘들었지만 잠재의식으로 넘어간 며칠 전 학습 내용을 다시 꺼내야 하는 아이들도 힘들어하기 시작했습니다. 부모에게 예외가 생기니까 아이들도 채점이 끝날 때까지 학습을 미루는 꾀를 부리기도 했고요. 결국 그날의 학습은 그날 혹은 다음 날 안에 꼭 채점과 피드백을 완료하자고 어른의 규칙을 정했습니다.

대개 무엇을 하겠다고 결심한 첫 날은 열심히 목표를 향해 움직입니다. 그리고 다음 날은 절반쯤 지키죠. 그리고 3일째부터는 결심이 스르르 온 데 간 데 없이 사라집니다. 이것이 일반적인 작심삼일의 패턴인데요. 저는 여기에 어게인^{again}이라는 수식어를 붙여 '어게인 작심삼일'을 실천했습니다. 1일째는 완벽하게 지키고, 2일째는 절반만 지키고 3일째 포기하는 작심삼일. 하지만 여기서 끝이 아니라 4일째 되는 날, 전날의 포기는 없었다는 듯이 다시 계획을 실행했습니다. 이렇게 3일 동안 반이라도 실천하는 작전으로 한 달을 만들고 일 년을 쌓아 갔습니다.

처음부터 이 모든 방법들이 수월했던 것은 아닙니다. 하지만 매일 지키지 않는다고 누가 뭐랄 사람도 없는 목표였기에, 실천하지 못했다고 그만두거나 죄책감을 가지기보다 '잘 쉬었으니 다시!'라는 마음으로 실천을 이어 갔습니다. 일찍 잠자리에 들기, 정해진 시간에 양치질하기, 잠자리 독서 등 기본적인 생활 규칙에 먼저 적용하고, 차차 공부 습관에도 적용했습니다. 규칙적인 생활 습관은 공부 습관을 만드는 데에도 도움이 되었습니다.

　습관 만들기는 여전히 현재 진행형입니다. 아이들의 행동은 그날 그날 상황에 따라 다르고, 공부가 놀이보다 재미있을 수는 없으니까요. 잘하는 날도 있고, 못하는 날도 있다는 걸 인정하고 날마다 충실하게 꾸준히 하자는 원칙만 잊지 않고 지내고 있습니다.

3장

입학 전 공부 :

읽기, 쓰기를 잡으면
학교 수업 문제없다!

1학년 공부는
언제부터 준비해야 할까?

매년 가을 무렵이 되면 제 블로그에 자녀의 초등학교 입학을 앞둔 부모님들의 질문이 올라옵니다. 주로 언제부터 학습을 시작해야 할지, 어느 수준까지 학습을 준비해야 할지 묻는 질문이 대부분인데요.

저도 그 시기에 같은 고민을 했습니다. 학습 진도가 너무 빨라서 학교 수업에 흥미를 잃어서도 안 되고 선수 학습 부족으로 수업에 어려움을 느껴서도 안 된다고 생각했습니다. 하지만 무엇보다 아이 스스로 학교생활을 책임질 수 있기를 바랐습니다. 그래서 교과서를 막힘없이 읽고 알림장을 원활하게 쓰는 것을 목표로 독서와 함께 한글과 숫자를 가르쳤습니다. 한글과 숫자를 제대로 읽고 쓸 수 있다면 수업을 듣거나 알림장을 중심으로 학교생활에 대해 소통하는 데 무리가 없을 거라고 생각했기 때문입니다. 실제로 입학하고 보니 1학년의 학습은 홑받침 ^{하나의 자음자로 이루어진 받침} 이 있는 한글과 100 이하의 숫자를 읽고 쓸 수 있는 수준이면 충분했습니다. 여기까지만 알면 어법이 틀려도 의미를 전달하는 데 어려움이 없었고, 더하기와 빼기의 셈법이나 규칙, 도형 등에 관한 것은 입학하고 난 뒤 천천히 배워도 괜찮았습니다.

그렇다면 언제부터 초등 공부의 준비를 시작해야 할까요? 한글은 학습에서 가장 많은 비중을 차지할 뿐만 아니라 다른 과목을 학습하는 데에도 근간이 됩니다. 읽기는 한두 달 안에 쉽게 배울 수 있지만, 쓰기는 읽기만큼 빠른 시간 내에 완성하기 어렵습니다. 숫자 쓰기도 마찬가지죠. 여기에 개인적인 호기심이나 성향의 차이, 남녀의 근육 발달 속도 등 여러 요인이 한글 습득에 많은 영향을 미칩니다.

쌍둥이 남매는 7세가 되던 1월부터 본격적으로 초등학교 입학을 위한 학습 준비를 시작했습니다. 당시 아이들은 수준이 서로 달랐는데요. 딸 방글이는 친구들과 편지를 써서 주고받으며 놀 정도의 수준이었지만, 아들 땡글이는 한글을 학습할 준비가 전혀 되어 있지 않았습니다. 웬만한 받침 글자도 불러 주는 대로 조합해서 쓰던 방글이와 달리, 땡글이는 한글의 자음과 모음도 제대로 몰라서 쓰기는 물론, 읽기에도 어려움이 많았습니다.

서로 다른 두 아이의 발달 상황에 각각 대응해 줄 수 있을 만큼 시간이 넉넉하지 않은 워킹맘이다 보니 속도가 빠른 아이와 늦은 아이의 중간쯤에서 타협점을 찾을 수밖에 없었는데요.

입학을 코앞에 둔 7세 하반기에 한글과 숫자 교육을 시작하면 더디 진행되는 진도에 부모와 아이 모두 스트레스를 받기 쉽습니다. 결국 아이를 다그치고 혼내며 가르치게 되죠. 아이마다 학습 내용을 받아들일 수 있는 시기와 방식이 다르기 때문에 발등에 불이 떨어졌다고 느끼기 전에, 조금 여유롭게 학습을 시작하는 것이 좋습니다. 그러면 급하게 가르치느라 아이와 갈등을 겪는 상황을 피할 수 있죠. 대개 책을 좋아하는 차분한 성향의 아이는 이미 책을 통해 읽고 쓸 준비가 된 상태이므로 어느 시기에 학습을 시작해도 어려움이 없습니다. 반면에 활동성이 높고 책상에 앉아 있는 연습이 안 된 아이의 경우에는 자세부터 가르쳐야 하기 때문에 적어도 7세 봄부터는 시작하는 것이 좋다고 생각합니다.

입학 전 아이의 독서 수준은
어느 정도가 적절할까?

저는 아이들의 독서 교육에 많은 신경을 썼습니다. 꼭 초등학교 입학 때문이 아니더라도 아이들이 책을 좋아했으면 하는 바람이 있었거든요. 그래서 매일 자기 전에 아이들이 원하는 책을 1권씩 총 2권을 읽어 주고 하루를 마무리하는 것으로 독서 교육을 시작했습니다.

이전에도 책을 제법 읽어 주기는 했지만 본격적으로 일정한 시간을 정해 매일 읽어 주기 시작한 시기는 5세 즈음부터였습니다. 빈번한 야근으로 아이들이 잠들기 전에 퇴근하지 못하면 친정 부모님께서 책을 읽어 주셨죠. 초기에는 『잘잘잘 123』(이억배, 사계절출판사), 『사과가 쿵』(다다 히로시, 보림), 『곰 사냥을 떠나자』(마이클 로젠, 시공주니어) 등 리듬을 통해 말을 글로 인지할 수 있게 돕는 책을 중심으로 읽어 주다가 점차 글밥이 많은 책으로 확장시켜 나갔습니다. 이 시기에 아이들에게 읽어 준 책은 주로 동화 장르였는데요. 도서관에서 연령별 추천 도서를 빌려서 읽어 주기도 했지만 주말마다 도서관을 오가며 책을 빌리고 반납하기가 쉽지 않아 주로 집에 있는 책을 활용했습니다.

당시 저희 집에는 손위 조카에게 물려받은 창작동화 전집 수백 권을 비롯해 한국 전래동화, 세계 명작동화 전집, 다수의 단행본으로 집안 곳곳에 놓인 책장이 가득했습니다. 놀다가도 아이들이 집의 어디에서든 책을 골라 읽을 수 있는 환경이었죠. 같은 창작동화라도 5~7세가 읽을 수 있는 글밥의 수준과 그 이후 연령의 아이들이 읽을 수 있는 책이 달라지는데요. 이미 충분히 읽은 책의 일부는 중고로 팔고, 다시 중고로 구매하는 방식으로 비용을 절약하면서 아이들의 나이에 맞춰 지속적으로 책장을 재구성해 주었습니다. 주로 인터넷 서점이나 이웃 블로그의 추천 도서를 중심으로 7~9세가 읽을 만한 창작동화, 세계명작, 수학동화, 과학동화, 위인전, 〈와이^{why}?〉 시리즈를 구매하였습니다.

물론 고작 2권을 잠자리에 읽어 주는 것만으로 아이들이 책을 좋아하게 만들기는 힘듭니다. 책을 좋아할 수는 있어도 글씨를 읽는 수준, 듣고 쓰는 수준까지 도달하기란 어려운 일입니다. 그렇다고 절대적으로 시간이 부족한 워킹맘이 하루에 몇 십 권씩 책을 읽어 주기도 어렵죠. 그래서 저는 많은 책을 읽게 하기보다 아이가 독서에 재미를 느끼게 하는 쪽에 포인트를 맞추었습니다.

거실을 서재처럼 꾸미고 틈새 시간에도 놀이처럼 책을 읽으며 독서 습관을 만들어 주기
위해 노력한 모습

이를 위해 아이들에게 전적으로 책 선택권을 주었습니다. 아이들은 표지의 그림을 보고 끌리는 대로 자유롭게 선택을 하였는데요. 아이들이 책을 고르는 모습을 보면 다양한 책을 고르기보다는 스토리가 마음에 드는 책을 열 번, 스무 번이고 반복해서 읽는 경향을 보였습니다. 아이들이 어떤 책을 몇 번이나 읽었는지 체크하기 위해 저는 책을 읽어 준 뒤 책등에 작은 스티커를 붙였답니다. 이 시기에는 아이들에게 책 선택권을 준만큼 제목이 가릴 만큼 책등에 많은 스티커가 붙여지더라도 아이가 골라온 책을 거절하지 않고 반복해서 읽어

주었습니다.

7세부터는 잠자리 독서에 보태 조금 더 적극적으로 독서 교육을 시켰는데요. 바로 '매일 소리 내어 1권 읽기'였습니다. 이 역시 처음에는 아이들에게 자유롭게 책을 선택하도록 했습니다. 또 강제성을 부여하기 위해 미션을 해내야 TV를 볼 수 있다는 규칙을 정해 스스로 책 읽는 연습을 시작하도록 도왔습니다. 이미 제법 잘 읽던 방글이는 다양한 책을 소리 내어 읽으며 스스로 독서의 즐거움을 키워 나갔지만, 땡글이는 같은 책 한 권을 줄기차게 읽었습니다. 일주일 동안 같은 책을 읽었다고 주장하는 땡글이를 가만히 지켜봤더니 TV는 보고 싶고 글씨는 잘 못 읽겠으니 책 한 권의 문장 전체를 아예 통째로 외워 버리는 것이었습니다. 노력이 가상했습니다.

혼자 소리 내어 책 읽는 것을 어려워하는 땡글이에게는 엄마 아빠가 잠자리 독서에서 읽어 주는 글밥이 많은 책 대신 4~5세 무렵에 읽었던 『잘잘잘 1, 2, 3』, 『곰 사냥을 떠나자』와 같이 글밥이 적고 좀 더 쉽게 읽을 수 있는 책을 권해 주었습니다. 새로운 내용의 문장을 읽으려고 애쓰기보다 이미 귀에 익숙한 책을 소리 내어 읽으며 글자를 눈으로도 따라갈 수 있게 도와준 것이죠. 처음에는 아이가 읽는 것을 지켜 봐주고, 이후 같은 책을 2~3일간 반복해서 읽도록 하였습니다. 그리고 다시 비슷한 수준의 다른 책으로 교체해 주었지요. 엄마가 권하는 책이지만 아이가 보기에도 만만한 글밥의 책이니까 거부감 없이 받아들였고, 여러 권의 책을 같은 방식으로 반복해 나가자 차츰 스스로 읽을 책을 고르기 시작했습니다. 그러다가 어느 순간, TV를 보기 위해 쉬운 책만 읽으려던 아이가 책을 읽느라 TV 프로그램의 시작 시간도 잊어버리고 아침에 눈뜨자마자 자연스럽게 책을 손에 잡게 되었습니다.

틈새 시간을 활용한 독서 습관 들이기

이 밖에도 저희 부부는 아이들에게 책 읽는 습관을 들이기 위해 틈새 시간을 활용했습니다. 저 역시 좋은 본보기가 되기 위해 새벽에 남편이 출근하고 아이들이 깰 때까지 기다리는 시간이나 화장실에 볼일을 보러 들어가 있는 시간에 늘 책을 읽었습니다. 놀이터나 공원 등에서 놀 때도 아이들을 살피는 틈틈이 책을 읽으며 같은 공간에서 서로 다른 방식으로 시간을 보냈죠. 외출할 때도 언제 발생할지 모르는 틈새 시간을 활용할 수 있도록 책을 꼭 준비했습니다. 지하철 승강장에서 대기하는 시간이나 음식을 주문하고 기다리는 시간에 독서를 하기도 했습니다. 그랬더니 어느 순간부터 아이들이 화장실에 가거나 외출할 때 제가 챙기지 않아도 스스로 읽고 싶은 책을 챙기더군요.

이런 틈새 시간을 활용한 독서가 좋은 것은 학년이 올라가면서 공부량이 많아지고 내용이 어려워져도 독서를 지속할 수 있다는 점입니다. 책 읽을 시간이 없다는 말이 사실일 정도로, 클수록 독서할 시간을 내기 힘든 게 현실입니다. 그런데 이렇게 틈새 시간을 활용해 독서하는 습관이 몸에 배면 책 읽는 시간을 충분히 확보할 수 있습니다. 또 책이 단순히 공부 수단이 아닌 쉬는 시간을 함께하는 좋은 친구처럼 여겨지게 되죠.

손에 들고 있는 책을 매개로 삼아 어디에서든 온 가족이 다양한 소재로 이야기를 나눌 수 있는 것도 장점인데요. 책의 스토리, 주인공의 행동을 중심에 두면 아이들에게 잔소리가 아닌 대화를 할 수 있어서 매우 좋습니다.

입학 전 공부,
한글을 잡아야 한다

초등학교 입학 준비를 하기 전에는 따로 가르치지 않아도 책만 잘 읽어 주면 한글은 알아서 깨우칠 거라고 생각했습니다. 주변에 널린 게 한글인데 겨우 한글을 가르치기 위해 학원이나 방문 학습지에 의존해야 하는지 의구심이 들었죠.

아이들이 책을 읽는 모습을 보면서 한글을 습득하는 인지 과정을 지켜보니 방글이는 글자를 처음부터 자음과 모음, 받침 등의 구조적인 형태로 받아들인 반면, 땡글이는 글자를 전체 이미지로 받아들였습니다. 그래서 방글이는 겹받침^{서로 다른 두 개의 자음으로 이루어진 받침}이나 이중 자음, 이중 모음 등 몇몇 글자는 조금 어려워했지만 단어를 조합해 읽거나, 문법에는 맞지 않지만 소리 나는 대로 자유롭게 쓸 수 있었습니다. 하지만 땡글이는 통으로 글자를 익힌 탓에 받침만 하나 추가되어도 익숙한 글자도 모르는 글자로 인식하며 읽지 못했습니다. 글자를 그림처럼 인식했기 때문에 독서 교육을 막 시작했을 때 책을 읽는 것이 아니라 책 속의 문장을 통째로 외워 버렸던 것이죠. 두 아이의 서로 다른 한글 인식 방법 중 어느 쪽이 한글 학습에 더 적합한지는 학자들 사이에서도 의견이 분분합니다. 저도 어느 게 더 낫다고 말하기는 어렵습니다. 그 시기가 지나자 두 아이 모두 책 읽기가 자연스러워졌기 때문인데요.

요즘은 초등학교에 입학하면 한글의 구조에 대한 기초부터 가르칩니다. 선행 학습 예방을 위해 입학 초에 일정 시간 이상 기초 한글을 교육하도록 교육 과정에서 정해 두었죠. 하지만 국어 시간에 아무리 한글의 학습 속도를 늦춰 가르치더라도 수학이나 통합 교과에서 다양한 형태의 읽기와 쓰기 활동이 나오기 때문에 일정 수준 이상 한글이 습득되어 있지 않으면 학습에 어려움을 느낄 수밖에 없습니다. 이미 이러한 현실을 알고 있기에 많은 부모가 언제부터 한글을 가르쳐야 할지 고민하는 것이겠죠. 가정에서 완벽하게 가르치기는 어렵겠지만 교과 수업을 원활히 듣기 위해서라도 어느 정도는 한글을 꼭 익힌 뒤 입학해야 합니다.

아이를 가르치려면 먼저 나와 내 아이에게 맞는 학습 방법을 선택해야 합니다. 다양한 방법들이 있는데 대표적으로 ①학원 ②방문 학습지 ③문제집 ④인터넷 사이트의 무료·유료 자료 ⑤온라인 학습이 있습니다. 아이의 호기심이나 부모의 여력에 따라 어느 방법을 선택해도 좋습니다. 다만 중요한 것은 힘들이지 않고 지속 가능한 방법을 선택해야 한다는 것입니다. 사실 워킹맘에게 가장 중요한 1순위 조건이죠.

저는 문제집을 활용했는데 처음부터 그랬던 것은 아닙니다. 공부를 막 가르치기 시작했을 때는 인터넷 자료를 활용했습니다. 한글, 수학, 영어 등 없는 분야가 없고 다양한 온라인 동영상까지 무료로 구할 수 있었습니다. 유료 사이트의 경우에는 문제집처럼 체계적인 자료를 제공하기도 했고요. 하지만 인터넷에서 자료를 수집하는 방식은 엄마의 노력을 많이 필요로 했습니다. 자료가 잘 정리된 유료 사이트를 이용하면 검색하는 시간을 절약할 수 있었지만 출력하는 시간까지 줄일 수는 없었습니다. 게다가 열심히 자료를 준비했는데 아이들이 내용을 잘 소화하지 못하거나 열심히 하지 않으면 버럭 화가 나기도 했습니다. 저의 노력과 본전이 생각나서 아이들에게 의도치 않게 공부를 강요하게 되더군요. 또 아무래도 직접 프린트하다 보니 퀄리티가 떨어지고, 오로지 학습에 대한 내용만 있다 보니 아이들이 재미없어했습니다. 사실 이때 왜 문제집마다 사이사이에 색칠 놀이나 수수께끼와 같은 흥미를 붙잡아 두는 요소들이 배치되어 있는지 이유를 깨달았답니다.

그래서 방법을 바꿔 방문 학습지를 시작했습니다. 본격적으로 입학 준비를 한 것은 7세부터였지만, 한글 교육을 맨 처음 시작한 것은

6세부터였습니다. 이 한 해는 엄마표 학습에 많은 시행착오를 겪은 시기인데요. 학습지를 활용하는 것도 어렵게만 느껴졌죠. 물론 선생님이 규칙적으로 방문했기 때문에 인터넷 자료를 활용할 때보다 수월하게 진도를 나갈 수 있었습니다. 하지만 수월한 진도와 달리 10개월이 지났을 때도 땡글이는 간신히 받침 없는 글자를 떠듬떠듬 읽을 뿐이었습니다. 사실 이것도 잠자리 독서 덕분인 것인지 학습지 덕분인 것인지 알 수 없을 정도로 성장 속도가 더뎠습니다. 교재의 진도와 아이의 성장은 별개라는 것을 깨달았죠. 결정적으로 학습지는 부모가 숙제를 챙겨 줘야 하는 단점이 있었습니다. 이것을 놓치면 진도를 나간 만큼 아이가 내용을 소화했는지 체크할 수가 없더군요.

방문 학습지로 완성되지 않는 아이들의 한글 학습을 위해 다른 방법을 고민하다가 7세가 되면서부터 문제집을 활용했습니다. 학습 방법이 자리 잡으며 이때부터 본격적인 한글 교육이 시작되었습니다. 7세 때는 주 1회 방문 학습지를 이용하며 문제집을 병행했습니다. 주중에는 매일 1장씩 한글 문제집을 풀며 공부 습관을 만드는 데 집중했고, 주말에는 학습지 숙제를 하며 선생님과 학습한 내용을 엄마 아빠와 함께 복습했습니다. 이 과정을 통해 아이의 학습에 구멍은 없는지 체크할 수 있었죠. 이렇게 시간을 배정한 이유는 당시 저희 부부가 통으로 시간을 할애할 수 있는 때가 주말밖에 없었기 때문입니다. 또 문제집은 아이가 빈 칸에 한글을 써넣는 구성이라 채점할 필요가 없었던 반면에 학습지 숙제는 채점이 필요해 부모의 역할이 꼭 필요했기 때문입니다.

　문제집은 가격도 1~2만 원 선으로 부담 없는 데다가 한 권의 문제집을 끝내기까지 20~30일이 걸리니 여러 모로 딱 적당했습니다. 무엇보다 올바른 교육 커리큘럼과 내 아이 수준에 맞는 정보를 찾기 어려운 인터넷 자료와 달리 문제집은 학교의 교과 과정에 따라 필요한 선수 학습을 체계적으로 배치했다는 점이 가장 큰 장점이었습니다.

　그런데 문제집과 방문 학습지를 함께 병행하는 중 새로운 문제점이 생겼습니다. 중복되는 내용이 많고 여러 가지 자료를 활용하다 보니 아이들이 혼란스러워한 것이죠. 그래서 8세부터는 방문 학습지를 중단하고 문제집으로만 학습하기로 결정했습니다.

　다양한 학습 방법을 시도해 본 결과 공부 의지만 잘 북돋아 준다면 문제집은 온전히 아이의 수준과 속도에 맞춰 공부를 가르칠 수 있는 최고의 도구입니다. 같은 내용이라도 다양한 출판사에서 서로 다른 방식으로 구성해 놓았기 때문에 선택의 폭도 대단히 넓죠. 목적과 아이의 수준에 따라 적절히 선별해 사용한다면 큰 도움을 받을 수 있습니다.

한글 정복에 도움이 되는 추천 문제집

　시중에는 너무 많은 문제집이 있어 어떤 문제집으로 내 아이의 공부를 시작해야 할지 고민스러울 수 있습니다. 쌍둥이 남매는 5세 무렵에 미국 동부 지역에 살고 있는 이모(저의 여동생) 집으로 놀러 간 적이 있습니다. 그곳에 있을 때 한인 성당에서 이민자 가정의 아이들에게 한글 교육을 할 때 가장 많이 사용하고 있다는 문제집 〈한글떼기〉(전 10권, 기탄출판)를 추천받았습니다. 당시에는 한글 학습을 시작하지 않던 시기라 관심을 가지지 않았습니다. 그러다가 7세에 본격적으로 문제집을 활용하기로 하면서 〈한글떼기〉를 기준으로 서점에서 가장 많이 판매되는 문제집과 블로그에 후기가 가장 많이 올라온 문제집을 비교해 보았습니다. 그랬더니 자연스럽게 문제집을 선별할 수 있었고, 문제집의 특징과 장점에 따라 목적에 맞게 활용했습니다.

• 구조적으로 한글 읽기를 배우는 데 적합한 〈기적의 한글 학습 다지기〉

모르는 분이 거의 없을 정도로 유명한 데에는 다 이유가 있더군요. 〈기적의 한글 학습〉(전 5권, 길벗스쿨)은 훈민정음의 창제 원리에 입각해, 자음과 모음의 조합을 통해 단어를 배우고 스티커로 놀이를 하며 약간의 쓰기 연습을 할 수 있게 구성되어 있습니다. 기본 자음과 모음에서 시작해 기본 받침, 복잡한 모음, 쌍자음 순으로 학습이 진행되죠. 〈기적의 한글 학습〉, 〈기적의 한글 학습 다지기〉(전 5권, 길벗스쿨), 〈기적의 한글 쓰기〉(전 5권, 길벗스쿨) 순서로 학습할 때 가장 효과가 높습니다.

이 시리즈는 만 4세 이상의 아이들에게 권장하고 있는데요. 쌍둥이 남매는 학습지로 어느 정도 한글을 배운지라 이 중에 〈기적의 한글 학습 다지기〉만 했습니다. 문제집 한 권은 약 30장 분량으로, 책에서 제시하는 하루 4장의 학습 분량 가이드를 따르지 않고 매일 1장씩만 학습해 한 달에 한 권씩 해 나갔습니다. 기적의 한글은 매일 1장씩 학습해도 한 달 이내에 교재를 끝낼 수 있을 정도로 속도감 있게 진도를 나갈 수 있는 교재입니다. 한 책을 너무 오래 학습하면 지루해하는 아이들에게 딱이죠.

이 문제집을 하면서 부모가 약간 부족하다고 여기는 분량이 아이들에게는 딱 적당하다는 것을 알게 되었습니다. 문제집에서 가이드해 주는 연령과 분량의 기준에 맞추기 위해 진도에 욕심을 부리는 순간, 발달 속도가 느린 땡글이는 바로 힘들어하는 모습을 보였습니다.

〈기적의 한글 학습 다지기〉 표지와 본문

약간 부족한 듯 느껴져도 아이가 꾸준히만 한다면 엄청난 결과로 쌓이기 때문에 아이를 재촉하기보다는 아이의 속도에 맞춰 학습하는 것이 좋습니다. 아이의 역량에 따라 복습을 해도 되고, 잘하는 과정은 단계를 건너뛰어 꼭 끝까지 풀지 않아도 괜찮습니다. 부담을 느끼거나 지루해하지 않는 수준에서 진행하는 것이 가장 좋습니다.

• 쓰기 실력이 몰라보게 좋아지는 〈한글떼기〉

아이들은 소리 나는 대로 쓰는 경향이 있기 때문에 한글을 제대로 읽어야 제대로 쓸 수도 있습니다. 한글은 받침 없는 글자는 읽고 쓰는 것이 같아서 매우 쉽게 배울 수 있는 반면에 받침 있는 글자는 읽고 쓰는 것이 달라서 일정 수준의 쓰기를 넘어서면 아이들이 어렵다고 느끼는 경우가 많습니다. 그래서 보고 쓰는 필사를 하지 않는 한 아이들은 '같이'라는 말을 '가치'로 적는 것처럼 소리 나는 대로 쓰곤 하죠.

잘 듣고 말을 잘하는 아이들의 책 읽는 모습을 관찰해 보니 단순히 글자의 구조를 알고 읽는 것이 아니었습니다. 부모가 읽어 준 책의 내용을 듣고 기억해서 입으로 반복해 외우는 과정을 통해 말과 글씨를 대조하며 한글을 익히더군요. 이를 통해 글자와 실제 소리 나는 방식이 다르다는 것을 인지해 읽고 쓰는 것을 바르게 습득하는 것이었습니다. 소리 나는 대로 쓰던 방글이도 본격적으로 한글 쓰기 학습을 시작하면서 좀 더 정확하게 읽을 수 있게 도왔더니 쓰기가 몰라볼

〈한글떼기〉 표지

정도로 좋아졌습니다.

저는 〈한글떼기〉 시리즈를 활용해 한글 쓰기 연습을 시켰습니다. 1~3권은 자음과 모음 그리고 그 조합을 그림으로 익히고 손으로 쓰도록 구성되어 있습니다. 자음과 모음을 활용한 단어 연습도 할 수 있죠. 4권을 기점으로 쓰기 레벨이 올라가는데 마지막 10권의 경우 초등 1학년 국어 교과에서 다루는 내용을 담고 있어 7세 이전에 학습할 시 아이들이 어려워할 수도 있습니다.

쓰기는 읽기에 익숙하고, 연필을 쥐고 쓰는 대근육과 소근육이 발달해야 수월해집니다. 그렇지 않은 경우 〈한글떼기〉는 부담스러울 수 있습니다. 한 페이지 가득 쓰기 활동으로 채워져 있기 때문입니다.

쌍둥이 남매는 7세 1월부터 8세 2월까지 14개월에 걸쳐 〈기적의 한글 다지기〉와 〈한글떼기〉를 매일 1장씩 풀되, 한 권이 끝날 때마다 교재를 번갈아 가며 학습했습니다. 한 가지 교재만 활용하기보다 서로 구성이 다른 교재를 적당히 섞었더니 지루해하지 않고 한글의 구조를 학습하고 쓰기 연습도 병행할 수 있었습니다. 이 교재들을 모두 마치고 나자 초등학교 입학을 위한 한글 읽기와 쓰기가 어느 정도는 준비된 것처럼 느껴지더군요.

수학도 결국
읽기, 쓰기가 좌우한다

한글과 독서 교육으로 입학 준비를 시작하였다면, 다음은 수학을 준비하는 것이 좋습니다. 수학은 '기호와 용어의 약속에 익숙해지기', '수식의 의미를 이해하기', '문제 해결하기'라는 일련의 과정으로 이루어진 기초 학문입니다. 개념을 배우고, 직접 문제를 풀어보며 개념을 익히는 과정을 반복하는 것이 어떤 과목보다도 중요한데요.

저는 대학교 때 수학을 전공한 덕분에 과외를 통해 많은 중·고등학생들을 만날 수 있었습니다. 성향도 환경도 저마다 달랐지만 한 가지 공통점을 발견하였습니다. 그것은 바로 수학을 어려워하지 않는 학생들일수록 다른 과목에서도 비교적 높은 자신감을 보인다는 점이었습니다. 그 이유를 관찰해 보니 그 아이들은 배운 것을 자기 것으로 만드는 연습에 익숙하더군요. 이때 공부에 자신감을 가지려면 수학을 잡으면 되겠구나 하고 깨달았습니다. 게다가 초등학교 1학년 교과 과정은 국어와 수학을 제외하고는 통합 교육입니다. 교과서 이름도 『봄』, 『여름』, 『가을』, 『겨울』, 『안전한생활』입니다. 직접 경험을 통한 학습이 더 적절하여 특별히 준비할 필요가 없습니다.

그렇다면 초등학교 입학 전에 수학은 어디까지 준비해야 할까요? 제 경험상 '숫자 읽고 쓰기', '크기 비교' 정도만 할 수 있다면 교과 수업을 따라 가기에 충분합니다.

한글을 가르치며 문제집을 활용하는 것이 가장 효과적이라고 느꼈기 때문에, 수학은 처음부터 문제집으로 학습을 시작했습니다. 수학 학습을 시작하며 깨달은 것은 수학도 역시 한글과 숫자를 읽고 써야 공부할 수 있다는 점이었습니다. 수학하면 수 세기나 연산부터 떠올리기 쉬운데 결국 수학 학습의 기초 역시 읽고 쓰기였던 것이죠.

수학에서 읽고 쓰는 것이 중요한 이유는 국어와는 조금 성격이 다릅니다. 국어에서는 한글을 모르면 개념 자체를 이해할 수 없지만 수학에서는 한글을 몰라도 약속된 기호와 용어가 수식이라는 문장으로 바뀌는 순간 문제가 요구하는 것을 알아낼 수 있습니다. 하지만 문제를 이해했더라도 답을 기호로 표현하는 부분이 막히면 학습은 재미 없어집니다. 흔히 '+, −, =, 〉, 〈 '등의 연산 기호만 기호라고 생각하는데, 숫자도 기호입니다. 숫자의 한글 표현은 사전에 약속된 용어이고요. 아이들은 '1, 2, 3' 하고 숫자를 읽고 쓰는 것뿐만 아니라 '하나, 둘, 셋', '첫 번째, 두 번째, 세 번째' 하고 숫자를 세는 용어도 기호와 연결하여 배워야 합니다.

따라서 수학 학습은 한글과 숫자를 제대로 읽고 쓰는 것부터 시작해야 합니다. 처음 숫자를 쓰는 아이들은 숫자 8을 무한대$^\infty$ 기호처럼 쓰기도 하고, 2나 5를 좌우 반대로 쓰는 등 어려워합니다.

숫자의 읽고 쓰기를 무시하면 안 되는 또 다른 이유는 눈으로 읽기만 해도 이해할 수 있는 다른 과목과 달리 수학은 반드시 손으로 써서 익히는 과정을 거쳐야 하기 때문입니다. 해답을 눈으로만 보고 풀이 과정을 이해한 경우, 백이면 백 같은 문제를 만났을 때 풀지 못합니다. 수학을 막 시작하는 아이들도 마찬가지입니다. 알았는데 하면서도 수학 기호와 용어를 제대로 쓰지 못하는 아이들을 보며, 초등학교 1학년을 준비하는 수학 학습의 목표는 약속된 기호와 용어를 정확하게 알고 제대로 쓰는 것임을 확신했습니다. 그래서 스스로 써보기를 대단히 강조했습니다. 입학 후 학년이 올라갔을 때에도 암산이 가능하더라도 처음에는 꼭 쓰면서 공부하도록 도왔습니다. 그 덕분인지 쌍둥이 남매는 수학에 대한 자신감이 강한 편입니다.

처음 수학을 공부하는 아이들에게 가장 중요한 것

한글은 방문 학습지 선생님의 도움을 받았지만, 수학은 오롯이 아이들 스스로 학습하도록 했습니다. 그것이 가능했던 이유는 10 이하의 수를 더하고 빼는 일은 일상생활에서도 종종 이루어졌기 때문에 따로 설명하지 않아도 대강의 개념을 알고 있더군요. 그래서 문제집의 그림으로 된 설명을 보기만 해도 이해하는 데 어려움이 없었습니다. 그런데 숫자가 10 이상을 넘어가니 조금씩 힘들어하기 시작했습니다.

수학 학습에서 중요한 것은 다양한 도구를 사용해 수의 개념을 기호로 바꾸는 사고 과정을 경험할 수 있도록 돕는 것입니다. 손가락이나 기타 도구를 사용하는 것을 막지 않아야 하죠. 아이들이 수를 익히고 숫자의 크기나 덧셈, 뺄셈의 원리를 이해하는 시기에는 손가락, 발가락 혹은 수십 개의 연필 등을 동원해 실체가 기호로 바뀌는 것을 이해하는 과정이 필요합니다. 쌍둥이 남매도 처음에는 열 손가락을 사용해 숫자를 익히는 모습을 보이더군요. 저는 아이들의 이런 행동을 가만히 내버려 두었는데요. 2017년 스위스 제네바 대학과 로잔 대학의 공동 연구에 의하면 손가락으로 셈을 하는 아이들이 그렇지 않은 아이들보다 계산을 잘하며 작업 기억 능력^{인지 과정을 수행하는 데 필요한 단기 기억력}이 우수하다고 합니다.

아이들은 문제집에서 10 이상의 숫자를 다루는 일이 빈번해지면서 숫자에 익숙해지자 자연스럽게 손가락을 사용하는 빈도가 줄어들더니 숫자를 그룹화해서 다루는 모습을 보였습니다. 손가락으로 숫자를 하나씩 꼽다가 갑자기 어느 순간 둘, 넷, 여섯, 여덟, 열 하는 식으로 10 이하의 숫자들을 그룹으로 세기 시작한 것이었습니다. 그 모습을 보면서 아이들에게 숫자에 익숙해질 시간을 주길 참 잘했다고 느꼈습니다. 숫자를 자유롭게 2, 3, 5, 10 단위의 그룹으로 묶어 셈할 수 있게 되자 아이들은 수학이 재미있는 과목이라고 입을 모아 말했습니다.

처음 수학을 공부하는 아이에게 중요한 것은 개념을 머리로 이해하는 것보다 개념을 몸으로 체험하는 것입니다. 1~2학년 때는 주로 자연수를 배우기 때문에 특별한 학습을 하지 않아도 학업에 어려움이 없지만 분수가 나오는 3학년 때부터는 급격한 격차를 느낍니다. 3학년 때 수포자가 나온다는 이야기는 1~2학년 때 자연수의 개념을 부실하게 익혔다는 뜻입니다. 그래서 초등학교 입학 전부터 시간을 가지고 천천히 숫자를 경험하며 익히는 일은 대단히 중요합니다.

수학의 기초를 탄탄하게 다져 주는 추천 문제집

수학 문제집은 한글 학습을 통해 신뢰를 얻은 기탄출판과 길벗스쿨의 문제집을 자연스럽게 선택했습니다. 한글 학습을 문제집으로 진행해 보니 출판사마다 제시하는 학습 방법이 조금씩 다르고 편집에 따라 지면 구성도 다르지만 7~8세에 배워야 할 내용 면에서는 크게 차이가 없더라고요. 어떤 문제집을 선택하든 한 권을 제대로 끝내기만 한다면 초등학교 1학년 수학 수업을 따라 가는 데 어려움을 겪지 않을 것 같았습니다. 또 문제집은 학원이나 방문 학습지 등에 비해 가격이 매우 저렴합니다. 아이와 함께 학습하다가 수준이 맞지 않거나 구성이 불편하면 아이가 편하게 느끼는 문제집으로 다시 시작해도 부담스럽지 않죠. 게다가 문제집 한 권을 끝까지 마쳐야만 실력이 쌓인다고 생각하지 않았기 때문에 안 맞으면 바꾸면 된다는 생각으로 문제집을 골랐습니다.

가장 먼저 숫자의 개념과 읽고 쓰기를 잡아 줄 문제집을 선택해서 한글과 마찬가지로 매일 1~2장씩 아이들에게 풀게 하였습니다. 아이들 수준에 맞춰 여러 종류의 문제집을 활용했는데요. 쌍둥이 남매가 활용하며 좋았던 수학 문제집은 다음과 같습니다.

• 처음 시작하는 숫자 쓰기는 〈수셈떼기〉

〈수셈떼기〉(전 10권, 기탄출판)는 쌍둥이 남매가 접한 두 번째 수학 문제집입니다. 아이들의 첫 수학 문제집은 유치원에서 교구를 사용하며 학습해서 이름이 익숙했던 〈창의사고력수학 킨더팩토〉(전 4권, 매스타안, 이후 〈킨터팩토〉로 통일) 시리즈였는데요. 첫 페이지부터 문제가 길어서 아이들이 읽고 의도를 파악하기 힘들어했습니다. 숫자를 읽고 쓰는 것조차 익숙하지 않은 탓에 아이들이 스스로 학습하기에

〈수셈떼기〉 표지

는 어려움이 많았습니다. 그러다 보니 할머니에게 묻는 일이 빈번해졌습니다. 할머니도 부담스럽고 알려 주는 데 한계가 있기에 1장도 못 푸는 날이 생겼습니다. 결국에는 아이들이 수학을 하기 싫어하는 모습까지 보였죠. 그래서 시작한 지 2주 만에 중단하고 난이도를 확 낮춰 〈수셈떼기〉로 다시 시작했습니다.

〈수셈떼기〉는 숫자를 읽고 쓰기만 하면 됐습니다. 문제를 읽지 않아도 그림으로 직관적으로 답을 찾아낼 수 있게 구성되어 있어서 처음 수학을 접하는 아이들에게 숫자를 친숙하게 만들어 주는 장점을 가졌습니다. 게다가 1권에서 다루는 숫자의 범위는 쌍둥이 남매가 자주 접하던 수준이라 아이들은 교재를 바꾸자마자 첫날에 무려 5장이나 푸는 모습을 보였습니다. 해야 할 분량을 초과해 놓고 엄마의 칭찬을 기다리는 아이들에게 엄한 표정으로 공부는 조금씩만 하라고 말하자 어찌나 낄낄대며 좋아하던지요. 물론 매일 5장씩 하겠다던 각오는 3장, 2장으로 차츰 줄더니 다시 1장으로 돌아갔지만 수학에 대한 자신감을 완전히 회복할 수 있었습니다. 수학에서는 이러한 경험이 반드시 필요합니다. 역량이 남아 자신감이 넘칠 정도로 쉬운 공부는 아이들에게 공부 자존감을 키워 주고 흥미와 재미를 선사하기 때문입니다.

〈수셈떼기〉는 딱 22일 만에 끝낼 수 있는 분량의 교재지만 워낙 쉬워 사실 22일이 채 안 걸립니다. 〈수셈떼기〉 1, 2권에서는 1부터 20까지의 숫자를 하루에 하나씩 쓰고 익히는 과정이, 3권부터는 본격적으로 초등학교 1학년 준비 과정이 나옵니다. 더하기 1을 반복적으로 연습시켜 수의 크기와 덧셈 기호의 기본 개념을 파악하도록 하죠. 연산이 하나의 학습 카테고리로 자리 잡을 정도로 중요하다는 것은 인정하지만 너무 이른 시기에 접하는 기호와 단순 반복 형태의 연산 학습은 수학을 재미없게 만들 수도 있기 때문에 주의해야 합니다. 그래서 쌍둥이 남매는 전 10권 중 1~3권까지만 학습했습니다.

• 숫자의 크기, 덧셈, 뺄셈의 개념을 잡는 〈기적의 유아수학〉

〈수셈떼기〉를 진행해 보니 처음부터 너무 어렵거나 너무 쉬운 문제집을 접한 쌍둥이 남매에게 어떤 문제집을 권해 줘야 할지 고민이 되었습니다. 그러다 선택한 것이 바로 〈기적의 유아수학〉(길벗스쿨, 2019년 개정판 출간, 수 세기를 다룬 A단계 전 6권, 덧셈, 뺄셈을 다룬 B단계 전 6권, 초등 1학년 수학 기초를 다지는 C단계 전 6권으로 구성되어 있습니다.)입니다. 이 시리즈는

1~20 이내의 숫자를 읽고 쓰는 법과 덧셈, 뺄셈의 개념을 가르기, 모으기 등의 행위를 통해 학습할 수 있게 한 수학 기초 교재입니다. 쌍둥이 남매에게 수학이 그리 어렵지 않음을 알려 준 문제집이기도 합니다. 〈수셈떼기〉의 내용과 중복되는 부분이 있어서 쓰기 단계는 건너 뛰고 개정전을 기준으로 1단계 5권부터 시작해 2단계 6권까지 학습했으며 〈기적의 예비 초등 수학〉은 학습하지 않았습니다.

〈기적의 유아수학〉은 단순한 가르기, 모으기가 조금씩 그림의 구성을 바꿔 가며 반복적으로 나열되어 있어서 분량이 조금 많다고 느껴지기도 했습니다. 저희 아이들에게는 약간의 속도감이 필요했는데, 그날의 공부가 지루한 날은 해당 페이지에 낙서가 많아졌습니다.

• 교과서 구성과 가장 유사한 〈킨더팩토〉

"우리 애가 나랑 공부할 때 보면 참 잘하는데, 왜 시험 성적은 도통 안 나오는지 모르겠어."라고 말하는 엄마들이 있습니다. 엄마표 학습을 하는 경우 아이들은 엄마가 읽어 주는 문제를 듣고 푸는 데 익숙해집니다. 이런 학습에 길들여진 아이는 학년이 올라갈수록 어려움을 느낍니다. 스스로 문제를 읽고 푸는 데 서툴기 때문입니다. 아이들은 듣기 능력이 읽기 능력보다 더 발달하여 문제를 읽어 주면 자신의 수준보다 어려운 설명도 쉽게 이해합니다. 하지만 정작 스스로 문제를 읽었을 때는 무엇을 요구하는지 알지 못하죠. 수학에서도 독해력이 중요한 이유입니다.

그런데 기탄출판이나 길벗스쿨 문제집의 경우, 문제를 읽지 않고

〈창의사고력수학 킨더팩토〉 표지와 본문

도 페이지의 구성, 즉 그림만 보고도 무엇이 답인지 눈치 챌 수 있습니다. 그래서 문제를 읽지 않고 바로 답을 찾는 경우가 많았죠. 그래서 이 두 문제집으로 숫자를 읽고 쓰는 것에 익숙해진 이후에는 문제를 읽고 이해하는 힘을 키워 주기 위해 신경 썼습니다. 〈킨더팩토〉는 그런 점에서 최적의 교재였습니다. 옛날 방식처럼 숫자를 세고 쓰는 것이 아니라 그림과 이야기를 통해 숫자의 개념을 깨우치도록 하는 스토리텔링 학습법에 매우 충실한 교재이기 때문입니다.

7세 여름 이후부터 쌍둥이 남매에게 주중에는 〈수셈떼기〉와 〈기적의 유아수학〉을 매일 1장씩, 주말에는 〈킨더팩토〉를 하루에 2장씩 풀게 했습니다. 주말에는 외출 등으로 문제집을 풀지 못할 때가 많아서 연속성 있게 풀어야 하는 〈수셈떼기〉와 〈기적의 유아수학〉은 맞지 않다고 생각했습니다.

〈킨더팩토〉 문제집을 풀 때는 아이들에게 스스로 문제를 읽도록 연습시켰습니다. 문제의 길이가 길지 않거나 단순 동그라미 등을 요하는 경우에는 굳이 아이가 읽지 않아도 잔소리하지 않았습니다. 하지만 아이가 문제를 푸는 과정이 출제 의도와 어긋나 있거나 제가 보기에 문제를 읽을 필요가 있는 경우에는 문제를 다시 한번 읽어 보라고 조언했습니다. 아이들은 처음에는 긴 문장제만 나오면 무조건 "모르겠다." "읽어도 뭐라고 하는 건지 모르겠다."며 떼를 썼습니다. 그럴 때마다 문장을 끊어 읽을 수 있도록 '사선(/)' 표시를 해주거나 밑줄을 그어 주는 등 사소한 도움을 주었습니다. 그랬더니 문제를 읽고 푸는 요령이 조금씩 생기더군요.

〈킨더팩토〉는 사실 미취학 아이들이 배우기에는 다소 어려운 개념을 많이 소개하고 있어 '이런 내용까지 아이들에게 알려 줘야 하나?'라는 고민을 가장 많이 한 문제집입니다. 공식은 나오지 않지만 현행 교과 기준으로 초등 5학년에 나오는 최소공배수의 개념까지 등장하거든요. 〈킨더팩토〉가 어려운 것은 긴 문장제 탓도 있었지만, 다양한 액티비티도 한몫했습니다. 종이성냥으로 다양한 모양의 도형을 구성해 보거나 그림 속 징검다리의 개수를 세면서 주사위 놀이를 하는 등 배우는 내용과 관련한 다양한 활동을 제시하는데요. 이런 액티비티는 복합 사고를 가능하게 해줍니다. 액티비티를 통해 숫자나 도형의 원리를 배우고 응용할 수 있도록 가이드를 제공하는 것이죠. 아쉬운 점은 액티비티로 습득한 원리를 심화 과정에서 응용할 수 있도록 충분한 연습과 복습의 기회를 제공하지 않는다는 것입니다.

〈킨더팩토〉는 여러모로 교과서(수학 익힘책)와 가장 유사한 구성을 가지고 있습니다. 심화 과정의 응용이 부모의 숙제로 남는다는 점을 미리 인지하고, 입학 이후 복습에 주안점을 두어 〈킨더팩토〉로 학습한다면 기초를 닦는 데 도움이 될 것 같습니다. 사실 초등학교 수학에 액티비티가 가능한 스토리텔링이 도입된 것은 융합 사고를 도입하자는 교육부의 의지도 있지만 그간 기호 중심의 수학에 어려움을 느끼는 아이들을 위해 글을 통해 개념을 잡아 주려는 의도도 있습니다. 물론 스토리텔링을 도입하면서 수학에서도 한글을 못 읽어 어려움을 겪는 아이들도 생겨났으니 정답이란 없는 것 같습니다. 개인적으로는 기호로 쉽게 배워도 되는 것을 한글로 풀어 놓아 수학을 더 어렵게 느끼게 됐다고 생각하지만 너무 이른 나이에 기호를 접하는 것도 적합하지는 않으니 장단점이 있다고 볼 수 있습니다.

첫인상이 좋아야
공부가 즐거워진다

초등학교 입학 준비를 위해 아이들을 공부시키면서 저는 아이들이 해당 문제집의 내용을 교재의 가이드대로 이해했는지 따지지 않았습니다. 특히 수학에서 더욱 그러했는데요. 그것은 당시 제가 아이들에게 가르치고 싶은 것이 수학 개념이 아니라 공부하는 습관이었기 때문입니다. 수나 도형의 원리 자체를 이해하는 것은 덤이라고 생각하며 접근했습니다.

내용의 이해 여부를 따지기 시작하는 순간부터 아이는 스트레스를 받습니다. 물론 학습을 했으니 당연히 이해하면 좋겠지만, 초등학교 입학 전의 공부는 학습 내용의 이해가 목표는 아닙니다. 학교에서 매일 일정 시간 이상 책상에 앉아 수업을 들을 수 있는 힘을 기르는 동시에 공부는 쉽고 재미있는 것이라는 첫인상을 만들어 주는 것이 진정한 목표죠. 그래서 아이들의 역량에 맞는 교재를 찾고 활용하는 데 심혈을 기울인 것입니다. 출판사에서 제시하는 연령별 분량 가이드에 맞추기보다 내 아이의 역량에 맞춰 꾸준히 학습을 해 나갔습니다.

물론 문제집을 중심으로 하다 보니 아이들 입장에서는 문제 풀이가 공부의 전부라고 생각할 수 있습니다. 하지만 실질적인 저의 목적은 아이들의 학습 모습을 면밀히 관찰하여 어느 부분을 잘하고 어느 부분이 부족한지 찾아내는 것이었습니다. 그리고 잘하는 부분은 교재를 바꿔 가며 조금 빠르게 넘어가고, 부족한 부분은 분량을 줄이고 천천히 반복하게 하였죠.

부모라도 내 아이의 전부를 알 수는 없습니다. 하지만 지속적으로 아이를 관찰하고 소통하는 과정을 이어 간다면 적어도 불안하지는 않습니다. 저도 쌍둥이 남매의 친구들이 여러 개의 학원을 다니며 선행한다는 얘기를 들을 때마다, 언론에서 보도되는 입시 비리나 드라마 속 과도한 사교육 현장을 목격할 때마다 지금 이대로 괜찮은지 흔들렸습니다. 솔직하게 고백하자면 '혹시 내가 아무리 해도 안 되는 노력을 아이들에게 강요하고 있는 건 아닐까?' '밝고 예쁘게 자라야 하는 아이들에게 엄마의 욕심으로 그늘을 만들고 있는 것은 아닐까?' 하는 생각도 여러 번 했습니다. 당연히 제 감정에 흔들려 아이들에게 짜증을 낸 적도 있었고요. 하지만 며칠이 지나면 다시 우리 가족, 내 아이의 상태에 맞는 패턴으로 돌아오곤 했습니다. 꾸준히 우리

가족만의 습관 교육을 이어 온 까닭에 잠시 흔들릴 때도 있지만 다시 중심을 잡을 수 있었던 것 같습니다.

영어 공부를
시키지 않은 이유

영어는 아이들의 나이를 불문하고 우리나라 사교육 시장에서 가장 큰 비중을 차지하는 과목입니다. 현재 초등학교 1학년 과정에는 영어 교과가 없습니다. 3학년이 되어야 비로소 영어 교과서로 일주일에 두 시간씩 수업을 하죠. 학교마다 원어민 선생님이 수업을 하기도 하고 그렇지 않기도 합니다. 단원 평가도 거의 치르지 않습니다. 이는 초등학교 입학을 준비할 때 영어 교육의 우선순위를 그만큼 앞에 두지 않아도 된다는 것을 의미합니다. 그래서 저희 부부는 한글과 수학의 기초도 힘들어하는 어린 아이들에게 영어에 대한 부담까지 지우지는 말자고 결정했습니다. 우리말로 생각하고 표현할 줄 아는 능력과 학교에 잘 적응할 수 있는 생활 습관을 먼저 기르는 것이 영어보다 중요하다고 생각한 거죠.

　시간이 지난 지금도 이런 이유로 5~7세 시기에 영어 유치원에 보내거나 영어 교육을 시작하지 않은 데 대한 일말의 아쉬움이나 미련은 없습니다. 우리말로 생각하고, 말하고, 읽고, 쓰기를 배우는 것이 가장 중요하다고 생각합니다. 융합 인재 교육인 스팀$^{STEAM, Science,}$ $_{Technology, Engineering, Art, Mathematics}$ 교육이나 스토리텔링 교육만 봐도 요즘 교육 과정은 글을 읽는 것에 그치는 것이 아니라 제대로 이해하는 것의 중요성이 더 커지고 있습니다.

　영어보다는 한글과 수학에서 먼저 자신감을 획득하는 것이 중요하다고 생각합니다. 물론 저희 부부가 여기에 더 높은 우선순위를 뒀을 뿐 영어가 중요하지 않다는 것은 아닙니다.

입학 전 공부 환경 리모델링

제 블로그의 검색어 중 꾸준히 상위에 랭크되는 단어 중 하나가 바로 '거실 책상'입니다. 그만큼 초등 입학을 앞두고 거실에서 TV를 치우고 그 공간을 책으로 채워 아이들에게 독서 습관을 만들어 주려는 부모가 많다는 뜻이겠죠. 그러나 거실을 서재로 꾸미면 책을 읽는 아이들이 늘어나야 하는데, 아이의 독서로 고민하는 부모의 수가 줄어들지 않는 이유는 뭘까요? 책을 읽게 만들 목적으로 거실을 서재로 만든 것을 아이들이 귀신같이 눈치챘기 때문입니다. 환경만 바뀐다고 해서 새로운 습관이 생길 리는 없습니다.

저는 주말마다 거실과 방에 각각 상을 펴고 쌍둥이 남매의 공부를 봐주는 것이 불편해 아이들이 초등학교에 입학하면서 '2m×1m'에

달하는 커다란 책상을 구입
했습니다. 아들 셋을 서울대
에 보낸 어머니이자 가수 이
적의 어머니로 유명한 여성
학자 박혜란의 책『믿는 만
큼 자라는 아이들』(나무를심는
사람들)에서 퇴근했을 때 아내
와 세 아들이 거실에서 공부
하고 있는 모습을 보고 남편
이 감동했다는 내용을 읽은

온 가족이 다함께 앉을 수 있는 거실 책상

적이 있습니다. 그때부터 저는 아이가 생기면 거실에 책상을 놓겠다
고 결심했습니다. 아이들은 숙제를 하고, 저는 책을 읽으면 좋겠다고
상상했죠. 그러나 책상을 거실에 두고 지내면서 박혜란의 세 아들은
거실에 커다란 책상이 없어도 공부를 찾아서 하는 아이들이었고, 쌍
둥이 남매는 반드시 제가 옆에서 공부를 봐줘야 하는 아이들이라는
큰 차이를 깨달았습니다. 함께 책상에 앉으면 "바로 앉아라." "딴짓
하지 말고 문제 풀어라." 잔소리가 끊이지 않았습니다.

초등학교 1학년은 혼자 방에 앉아 숙제를 하거나 예습을 하기에는
어린 나이라 공부방을 꾸미고 책상을 사주는 것보다 부모가 아이의
공부를 봐주기 편한 환경을 만드는 것이 좋습니다. 게다가 이 시기에
학교에서 집으로 가져오는 숙제는 대부분 부모가 도와줘야 하는 것

들입니다.

쌍둥이 남매는 3학년이 되어서야 각자의 공부방을 만들어 주었습니다. 하지만 이후에도 여전히 문제집을 풀다가 모르는 것이 나오면 엄마 아빠를 입이 닳도록 불러 댑니다. 책상을 사줘 봐야 결국 주방 식탁에 앉아 숙제를 하거나 거실에 상을 펴고 공부를 봐줘야 하는 일이 태반이라는 이웃들의 말을 듣고 거실 책상을 준비하길 잘했다는 생각이 들었죠. 다만 아이들이 3~4학년쯤 되면 자신만의 공간을 원하는 경우가 있어 거실용 책상을 구입할 계획이라면 이를 고려해 책상 사이즈를 정하는 것이 좋습니다. 집이 좁아서 거실에 책상을 두기 어려운 경우에는 식탁을 활용하거나 접이식 상을 1~2년간 임시로 사용하는 것도 권장합니다.

책상만 있다고 아이들에게 공부하는 습관이 생기는 것은 아닙니다. 아이들이 책상에 앉아 있을 때만큼은 함께 공부해 주는 페이스 메이커가 필요합니다. 그리고 1학년 아이의 페이스 메이커는 바로 부모입니다. 쌍둥이 남매도 엄마 아빠가 함께 책상에 앉아 있는 주말이면 10~30분 내에 끝내는 공부를 주중에는 짧아야 30분, 길면 1시간씩 걸려 끝냈습니다.

형제나 자매뿐만 아니라 부모도 아이들이 공부하는 시간에는 함께 책상에 앉아 책을 보는 것이 좋습니다. 저도 처음에는 설거지 등의 집안일을 하면서 아이들에게 공부를 시키는 경우가 많았습니다. 그러나 시키고 지켜봐 주지 않는 경우, 옆에서 지켜볼 때보다 훨씬 더 긴 시간이 소요되는 것을 몇 번이나 경험한 뒤부터 반드시 아이들 옆에 앉아 있었습니다. 엄마 아빠가 옆에 있으면 모르는 것을 물어보기도 편하고 집중도도 높아져 공부가 빨리 끝나는 장점이 있습니다.

아이가 초등학교에 들어가면 거실 환경뿐만 아니라 함께 공부하는 부모의 태도에도 변화가 필요합니다. 책상을 사는 것보다 아이가 공부하는 시간에 부모도 함께 앉아 있는 것이 먼저입니다. 공부하는 습관이 어느 정도 자리를 잡으면 그 이후에는 부모가 꼭 함께하지 않아도 공부 시간이 한없이 늘어지지 않습니다.

4장

입학 후 공부 :

하루에 문제집 1장씩,
공부 자존감이 높아진다!

01

초등 1학년 시험을 대하는
워킹맘의 자세

1학년이 되면 입학 전과는 다른 학습 목표가 생깁니다. 바로 학교 시험에서 좋은 성적을 받는 것인데요. 솔직하게 말씀드리면 저도 처음에는 100점에 집착했습니다. 또 우리 아이보다 잘하는 친구는 누구일까 궁금해하기도 했죠.

정부에서는 이런 비교 경쟁을 줄이고 부모의 학습 부담을 덜기 위해 초등 교육 과정에서는 숙제를 내주지 않고 중학교에서도 자율학기제를 시행함으로써 시험을 보지 않겠다고 밝혔습니다. 그러나 막상 학교에 가보니 담임 선생님의 성향에 따라 교육 방식이 조금씩 달라서 쌍둥이 남매를 가르치셨던 선생님들은 받아쓰기를 비롯해 쪽지로라도 수학 단원 평가를 치렀습니다. 아이들이 학교에 입학하기 전에는 성적에 연연하지 않겠다고 다짐했었지만 막상 받아쓰기 시험에서 100점을 못 받아 오거나 수학 단원 평가에서 쉬운 문제를 틀려 오면 화가 나더군요.

초등학교에 입학하기 전부터 아이들의 학습 과정을 지켜보면서 두 아이는 각각 서로 다른 성장 곡선을 가지고 있다는 것을 알게 되었습니다. 방글이의 경우 엄마 아빠가 책 읽어 주는 모습을 보며 읽기, 쓰기에 관심을 보였는데요. 자연히 스스로 다양한 시도를 해보며 꾸준히 실력이 향상되는 성장 곡선을 보였습니다. 이와 달리 땡글이의 경우 관심이 없는 듯 실력이 나아지는 모습이 전혀 보이지 않다가 일정 시간이 지나면 갑자기 할 줄 아는 것이 늘어나는 계단식 성장을 보였습니다.

학교에 입학하기 전에는 아이들의 성장 속도가 다소 느리더라도 결과가 좋지 않아도 아이들을 크게 다그치지 않고 기다릴 수 있었습

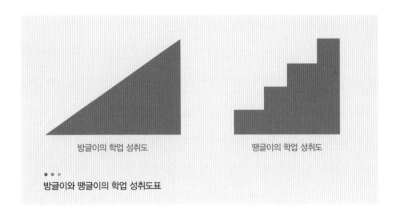

방글이의 학업 성취도　　　　　땡글이의 학업 성취도

● ● ●
방글이와 땡글이의 학업 성취도표

니다. 그러나 초등학생이 되면서 학교에서 평가 결과를 받아오자 제 마음속에 욕심이 생겼습니다. 이미 충분히 잘하고 있는 방글이에게 는 왜 더 빠르게 더 많은 것을 습득하지 못하느냐고 잔소리를 했고, 단계별로 시간이 필요한 땡글이에게는 늘 한 계단 위에서 아이를 내려다보며 왜 이만큼 올라오지 못하느냐고 재촉했습니다.

보다 좋은 성적을 받을 수 있도록 아이들이 받아쓰기 시험에서 100점을 받으면 장난감이 든 초콜릿을 사주곤 했습니다. 방글이는 자주 선물을 받았지만 땡글이는 그러지 못했죠. 그러던 어느 날 장난 감을 시샘하고 부러워하는 아이들의 모습을 보며 제 행동이 잘못되었음을 깨달았습니다. 게다가 저는 칭찬이라는 이름으로 두 아이의 결과만을 비교하고 있었습니다. 이미 각자의 역량에 따라 충분히 잘하고 있는 아이들인데도 아직 부족하다며 더 잘하라는 의미를 담아서 칭찬을 했던 거죠. 결과보다는 과정이 중요하다고 했지만 실상은 결과만을 보고 있음을 들킬까 봐 오히려 아이들을 혼낼 때도 있었습니다.

이것을 결정적으로 깨달은 것은 아이들과 틀린 문제에 대해 이야기를 나누게 된 날이었습니다. 문제가 요구한 답은 아니었지만 답에는 아이의 뚜렷한 주관이 담겨 있었고 이유도 타당했습니다. 순간 내가 너무 정답과 결과만을 요구하고 있었구나 싶었습니다. 간식까지 사주며 시험 결과에 의미를 두면서 쓸데없는 경쟁의식으로 아이들은 물론 저 스스로를 힘들게 했다는 걸 깨달았습니다. 그 이후 시험을 잘 보면 사주던 간식을 뚝 끊었습니다. 그리고 아이들의 받아쓰기나 단원 평가 시험을 챙기지 않았습니다.

초등학교 때 치르는 시험에서 중요한 것은 아이가 실수로 틀렸는지 아니면 진짜 몰라서 틀렸는지를 구분해 내는 것입니다. 실수는 얼마든지 다음 시험에서 만회할 수 있습니다. 실수를 반복한다면 실수하지 않는 요령을 배우면 되죠. 만약 몰라서 틀린 거라면 보충 학습을 하면 되고요.

또 시험 문제가 요구한 답은 아닐지라도 아이 답에 나름의 이유가 있다면 이것을 받아들일 필요가 있습니다. 요즘 시험은 정답이 여러 개이거나 답의 개수를 정할 수 없는 오픈형인 경우도 많습니다. 사실 시험뿐만 아니라 인생에서 만나는 문제들에 정답이 꼭 하나인 것은 아니잖아요. 그런데 어른으로서 이제 겨우 초등학교 1학년인 아이들을 시험지라는 작은 틀 안에 가두고 100점만 강요했다는 사실에 매우 부끄러웠습니다.

처음 서너 번은 시험을 본다고 하면 전날 적어도 한 번 이상은 아이들에게 시험을 주지시키고 준비하도록 도왔습니다. 하지만 아이와의 대화로 이러한 깨달음을 얻은 뒤로는 받아쓰기나 수학 단원 평가를 위한 준비를 일체 돕지 않고 있습니다. 평소처럼 엄마표 학습이 아이들 공부의 전부였고, 시험 때도 마찬가지입니다. 엄마가 결과에 연연하지 않으니 아이들도 시험을 본다고 해도 특별히 긴장하지 않고 결과에 당당한 모습을 보였습니다. 또 복습 위주로 엄마표 학습을 진행한 덕분에 쌍둥이 남매는 학교 시험을 곧잘 치렀습니다.

이런 과정을 거치면서 학부모로서 공부 목표를 바로 잡을 수 있었습니다. 시험에서 100점 받기가 아니라 교과 공부에 흥미를 갖고 충분히 다지는 복습 중심의 학습으로 말이죠. 물론 공부에 대한 제 욕심과 열정이 아예 없어진 것은 아니었습니다. 하지만 초등학교 1학년 때부터 남과 비교하며 이기기 위해 공부하는 아이로 키우기보다 입학 전과 마찬가지로 공부는 당연히 해야 하는 일이며 해야 할 일을 한 뒤 노는 아이로 키우자고 한 번씩 마음을 다잡아 갔습니다.

앞으로의 사회는 지금과는 많이 달라질 것입니다. 하지만 아무리 사회가 달라져도 공부에 꾸준히 노력을 기울이는 성실함과 새로운 지식을 받아들이는 학습 능력을 갖춘 사람은 그렇지 않은 사람과 다른 미래를 맞이할 것이라고 생각합니다. 이것이 바로 제가 엄마표 학습을 지속하는 이유입니다. 저는 학교에서 시험을 전혀 안 보는 것보다는 학습 내용을 잘 이해했는지 체크하는 차원에서라도 시험 보는 것을 선호합니다. 다만 시험이 아이들끼리 불필요한 경쟁을 야기하고 점수로 평가 매겨지는 것이 아니라 몰랐던 것을 발견하고 보완할 수 있는 기회가 되면 좋겠습니다.

저는 아이들이 문제집에서는 70~80점 이상, 학교 단원 평가에서는 80~90점 이상을 받으면 해당 교과의 기본을 아주 잘 이해했다고 판단합니다. 물론 뛰어난 점수를 얻는다면 더 좋겠지만 이만큼도 괜찮다고 생각합니다. 사실 초등학교 1학년 시험은 조금만 노력해도

100점을 맞을 수 있을 만큼 쉽습니다. 매일 1장씩 복습만 할 뿐인 저희 아이들도 곧잘 100점을 받기도 하니까요. 이러한 경험은 공부를 당연하게 생각하게 만들고 다른 과목을 공부하는 데에도 자신감을 주더군요. 이 정도면 충분히 초등학교 1학년의 학습 목표를 달성한 셈이라고 생각합니다.

초등 공부의 자신감은
수학에서 시작된다

초등학교에 입학하기 전에는 한글을 읽고 쓰는 것에 우선 순위를 두었지만 입학 후부터는 수학에 중점을 두기 시작했습니다. 초등학교 3학년에 접어들자 쌍둥이 남매는 친구들 중 누가 수학을 잘하고 못하는지 평가하기 시작했습니다. 아직 수학이 재미있는지, 어려운지 판단하기에는 너무 이른 나이인데 말입니다. 그래서 3학년 때부터 수포자가 생긴다는 거구나 하는 생각이 들었죠. "아이의 대학은 수학이 결정하고 취업은 영어가 좌우한다."라는 말이 있더군요. 영어를 비롯한 다른 과목의 성적도 중요하지만 입시에서는 수학의 비중과 중요도가 매우 높기 때문에 수학에 대한 자신감은 대단히 중요합니다. 그런데 초등학교 때 이미 수학에 대한 자신감을 잃어버린

다면 어떻게 될까요? 앞으로 남은 수많은 수학 시간마다 얼마나 고통스러울까요? 더욱이 못한다고 생각하면 수학 공부를 피하게 되어 점점 더 못하게 되는 악순환에 빠집니다.

한정된 경험이라 단정 지을 수는 없지만 저희 부부는 사회에서 성공한 사람들 중에 수학을 잘하는 사람을 많이 보았습니다. 수학을 잘한다는 것은 수리·논리·공간적 사고 능력이 뛰어나다는 것을 내포하기 때문에 업무적으로도 뛰어날 수밖에 없는 게 아닐까 추측해 보았는데요. 물론 수학 머리가 뛰어나면 공부나 모든 면에서 술술 풀리느냐고 묻는다면 무조건 "Yes."라고 답할 수는 없습니다. 하지만 공부 자존감과 동기만큼은 높아진다고 생각합니다.

저는 학창 시절에 수학만큼은 자신 있었습니다. 1등을 하는 아이에게 수학을 가르쳐 줄 정도였지만 모든 과목을 잘하지는 못했습니다. 그런데도 수학을 잘해서 제법 공부를 하는 아이로 인식되었고, 그런 인식은 저 스스로에게 다른 공부도 잘하고 싶다는 욕심, 즉 공부 동기를 만들어 주었습니다. 이는 대단히 중요한 경험이었죠. 그래서 초등학교 1학년 엄마표 학습의 중심에 수학을 우선으로 놓고, 수학에 대한 호기심을 유지하는 데 집중했습니다. 이를 위해 제 학년에 맞춰 천천히, 적은 학습 분량으로, 틀리는 문제보다 맞는 문제가 더 많은 공부 환경을 만들어 주려고 노력했습니다. 수학은 어렵다, 수학을 못한다는 느낌을 조금이라도 늦게 받을 수 있도록 말이죠.

교과·연산·사고력 수학을 잡는 추천 문제집

요즘 초등학교 수학 교과서는 숫자보다 한글이 훨씬 더 많습니다. 수학에 다른 과목이 통합되거나 스토리텔링 방식으로 문제를 구성하다 보니 지문이 길어졌기 때문입니다. 하나의 답만 고르는 공부 방식에서 벗어나 오픈형이나 그림, 문장 등을 함께 다루는 통합 방식으로 학습해야 하죠. 교육 방식이나 교과서는 이렇게 개선되는데 아이들을 평가하는 기준이나 시험은 크게 달라진 게 없어 아쉽기도 합니다.

보통 온라인 카페의 학습 정보나 판매 중인 수학 문제집은 초등 수학을 교과, 연산, 사고력(또는 심화), 세 개의 영역으로 나눕니다.

교과 수학이란 학교 진도에 따라 교과서의 내용을 예습, 복습할 수 있는 영역을 말합니다. 교과 수학은 크게 수와 연산, 도형, 측정, 규칙성, 확률과 통계로 나누어져 있습니다. 초등학교 1학년부터 6학년까지 이 다섯 개의 영역을 골고루 깊이를 더해 가며 배웁니다. 도형 영역을 제외하면 다른 영역은 모두 수와 연산을 기본으로 하고 있습니다. 즉 연산이 바탕이 되어야 측정, 규칙성, 확률과 통계의 영역도 수월하게 학습할 수 있는 거죠. 그래서 연산을 별도의 영역으로 분리해서 반복적으로 연습하도록 도와주고 있습니다. 요즘에는 연산 영역도 사고력 연산이라고 해서 기호로 단순히 사칙 연산을 연습하는 방식에서 벗어나 다양한 방법으로 학습할 수 있도록 가이드하고 있습니다. 사고력 수학은 교과 수학의 확장으로 스토리텔링과 서술형 문제를 복합적으로 학습할 수 있는 영역을 말하죠.

저는 수학의 이런 분류에 맞춰 교과서를 복습할 용도로 교과 수학 문제집, 반복 연습을 위한 연산 문제집, 사고력 배양을 위한 심화 학습 문제집을 각각 1~2권씩 선택해서 1학년 수학 학습을 도왔습니다. 쌍둥이 남매가 매일 1~2장씩 풀며 수학 학습에 활용한 교과, 연산, 사고력 영역 문제집을 순서대로 정리하면 다음과 같습니다.

• 교과서에 충실한 〈기적의 초등수학〉, 〈디딤돌 초등수학 기본+응용〉

기본에 충실하려면 교과서 중심으로 학습하는 게 좋겠다고 생각했습니다. 그래서 1학년 수학 교과서를 구입했습니다. 학교에 교과서를 두고 다니니까 집에서 익힘 문제 복습이라도 시킬 요량이었는데요. 교과서의 익힘 문제는 연습을 하기엔 문항 수가 너무 적었고 쌍둥이 남매도 학교에서 한 번 푼 문제를 다시 푸는 것을 극도로 싫어했습니다. 게다가 문제집이 워낙 잘 나와서 저학년 수학의 경우에는 교과서를 구입하면서까지 복습할 필요가 없더군요. 그래서 교과서 복습하기를 그만두고 『기적의 초등수학 1-1』(길벗스쿨)을 시작했습니다.

〈기적의 초등수학〉은 교과서 내용을 복습하기에 좋은 교재로, 아이들도 즐겁게 풀었는데요. 그 이유는 정답률이 높아서 틀린 문제를 고칠 일이 많지 않았기 때문이었습니다. 교재의 분량도 꽤 많은 편이라 하루에 2장씩 시킨 적도 있었는데 불평하지 않고 잘 따라왔습니다. 하지만 아이들이 너무 쉽게 푸는 바람에 결국 2학기에는 『디딤돌

초등수학 기본+응용 1-2』(디딤돌교육학습, 이후 〈디딤돌 초등수학〉으로 통일)로 문제집을 교체했습니다.

〈기적의 초등수학〉이 초급 정도의 난이도라면 〈디딤돌 초등수학〉은 중급 수준쯤 되는데요. 교과서 단원별로 '개념 익히기, 기본 다지기, 응용력 기르기, 단원 평가'로 구성되어 있어 기초부터 중상위 난이도 문제까지 골고루 접할 수 있습니다.

교재의 난이도를 올리자, 하루 학습 분량에서 서너 개씩 틀리는 일이 생겼습니다. 특히 응용력 기르기와 단원 평가에서 틀리는 경우가 많았습니다. 때때로 틀린 문제를 설명해 줘야 하는 경우도 있었습니다.

저는 평균 80퍼센트의 정답률이 나오는 문제집이 아이에게 맞는 난이도의 문제집이라고 생각합니다. 단원에 따라 정답률이 달라지기도 하므로 가장 어려운 단원은 70퍼센트, 가장 쉬운 단원은 90퍼센트 이상의 정답률이 나오는 문제집을 선택의 기준으로 삼고 있습니다. 너무 많이 틀리면 아이가 해당 과목에 자신감과 흥미를 잃을 수 있고, 반대로 매번 100점만 받으면 아이의 약한 부분을 찾아내기 힘드니까요.

교과 중심 문제집은 200페이지를 넘는 경우가 많습니다. 〈디딤돌 초등수학〉은 총 180페이지에 약 50페이지의 별책 부록이 포함되어 있습니다. 하루에 2페이지씩 풀면 약 100~120일쯤 걸리죠. 한 학기 동안 한 권 풀기 딱 좋은 분량입니다. 저는 아이들에게 월요일부터 금요일까지 5일간 매일 한 장씩 문제집을 풀도록 했습니다. 특별히 학교에서 배우지 않은 내용은 먼저 풀지 않도록 속도를 조절했는데요. 학기 초에 해당 학기의 문제집을 바로 시작하면 학교 진도보다 아이의 진도가 더 빨라질 수 있어서 학기가 시작되고 2~3주차부터 문제집을 풀도록 했습니다. 별책 부록은 서로 다른 교재를 왔다 갔다 하면 스케줄 관리나 채점하는 데 혼란이 와서 방학 때 복습용으로 사용했습니다.

• 연산의 기초를 잡아 주는 〈기적의 계산법〉, 〈기탄수학〉

〈기적의 계산법〉(길벗스쿨)은 학기마다 한 권씩 교과서 진도에 따라 연산 연습을 할 수 있도록 구성된 문제집입니다. 교과서에서 다루는 다양한 형태의 연산을 거의 다 제공하기 때문에 체계적으로 연산을 배우고 학교 진도에 맞춰 학습하기는 좋으나 결정적으로 한 학기 분량 치고 문항 수가 많지 않은 점이 아쉬웠습니다. 글씨도 커 연산의 기본 교재로 활용하기에 최적의 조건을 갖추었지만, 매일 1장씩 최소 분량으로 학습해도 한두 달 내에 끝낼 수 있을 정도입니다.

쌍둥이 남매는 1학년 1학기에는 『기적의 초등수학 1-1』과 『기적의 계산법 1』을 교대로 번갈아 가며 하루에 1장씩 하였고, 2학기에

〈기적의 계산법〉, 〈기탄수학〉 표지

는『디딤돌 초등수학 기본+응용 1-2』1장과『기적의 계산법 2』또는 〈기탄수학〉(기탄교육) 1장, 하루에 총 2장씩 학습했습니다. 〈기적의 계산법〉으로 연산에 익숙해지면서 연산 문제집을 하는 날은 학습이 빨리 끝났는데요. 그래서 2학기에는 〈기적의 계산법〉에 〈기탄수학〉을 추가하여 같이 병행했습니다. 방학 때 아이들이 어려워하는 두 자리 수 뺄셈을『기탄수학 E-3』으로 연습하면서 구성에 친숙해져 있었기 때문입니다. 이렇게 매일 교과와 연산을 1장씩 학습하자 문제집 세 권도 한 학기에 끝낼 수 있었죠. 한 학기 만에 아이들의 역량이 쑥쑥 자랐습니다.

〈기탄수학〉은 단순한 기호 연산이 반복되는 형태라 연산 과정 중 약한 부분을 집중적으로 복습하기에 매우 적합합니다. 초등학교 1학년은 레벨 D부터 시작하면 적당하며 책 한 권을 다 풀기보다 선별적으로 사용해도 괜찮습니다. 가령 잘하는 연산 과정은 몇 페이지 혹은 몇 문제만 연습시키고, 다른 연산이나 다른 자리 수의 연산을 낱장으로 뜯어 혼합해서 풀게 하는 것이죠. 그래야 아이들이 덜 지루해하거든요. 못하는 부분은 재미있게 반복하고, 잘하는 부분은 조금 뛰어 넘는 여유를 가지면 아이들도 연산에 끌려 다니지 않고 스스로 끌고 가는 즐거움을 알게 됩니다.

• 심화 연산 학습이 필요하다면 〈소마셈〉

연산이라고 하면 단순하게 사칙 연산을 떠올리는 분이 많을 텐데
요. 사고력 연산도 있습니다. 예를 들어 다음 박스의 ①번 유형이 〈기
적의 계산법〉이나 〈기탄수학〉에서 다루는 기본적인 연산이라면 ②
번 유형이 사고력 연산입니다.

① 2 + 3 = □

② □ + □ = 5

〈소마셈〉은 다양한 구조와 기호를 활용한 연산 문제가 돋보이는

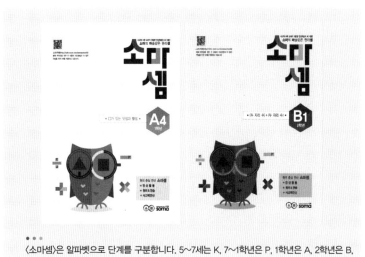

○ ○ ○
〈소마셈〉은 알파벳으로 단계를 구분합니다. 5~7세는 K, 7~1학년은 P, 1학년은 A, 2학년은 B,
3학년은 C, 4학년은 D입니다.

문제집입니다. 쌍둥이 남매는 3학년으로 올라가는 겨울방학 때 잠깐 『소마셈 B4(2학년)』을 경험했습니다. 처음부터 사고력 연산을 계속 활용하지 않은 이유는 반복과 복습으로 덧셈과 뺄셈의 기본기가 채워지니 굳이 사고력 연산까지 할 필요성을 느끼지 못했기 때문입니다. 덧셈이라는 기호의 원리를 이해해야만 ②번 유형의 문제를 풀 수 있으므로 ①번 유형의 연산을 충분히 반복해 연산의 기본을 다진 뒤에 사고력 연산을 시도하는 것이 좋습니다. 제가 1학년 때 〈소마셈〉을 시도하지 않은 것도 같은 이유에서였죠. 그럼에도 소개하는 이유는 사고력 연산을 통해 수학도 다양한 답이 나올 수 있는 논리 학문임을 가르쳐 줄 수 있기 때문입니다. 방학같이 별도의 시간이 주어졌을 때 취약한 연산 부분만 〈소마셈〉을 활용해 연습하면 좋을 것 같습니다.

초등 1학년 수학, 심화 학습이 필요할까?

심화 학습의 영역인 사고력 수학은 수학 문제를 사고하고 해결하는 능력을 기르는 학습 방식입니다. 수학의 원리를 탐구하고 다양한 방법으로 문제를 해결하는 과정에서 심화된 풀이 방법과 선행 수학 이론을 깨닫도록 하는 것이죠. 문장이 긴 문제를 읽고 이해해 풀어야하기 때문에 어휘력, 독해력, 논리력이 동시에 요구됩니다. 교과서가 개편될 때마다 단순 형태의 문제 풀이보다 통합적이고 다양한 문제 해결 과정을 중시하는 것을 보면 간과하기 어려운 추세가 아닌가 싶습니다.

식을 쓰고 풀이 과정을 점검하기 시작하는 3학년 수학부터는 단순 연산의 반복 학습만으로는 학교 진도를 따라가는 데 어려움을 느낄 수 있습니다. 수학 익힘 교과서를 보면 문장이나 식의 일부분을 채우는 형식으로 아이들이 쉽게 접근할 수 있도록 돕지만 실제 시험에서는 스스로 문장이나 식 전체를 써내야 합니다. 따라서 학년이 올라갈수록 사고력 수학, 심화 수학, 문장제 연습이 필요합니다.

저희 아이들은 1~2학년 때는 주말을 활용해 〈초등 창의사고력 수학 팩토〉(매스티안)로, 3학년 이후에는 〈문제 해결의 길잡이 원리〉(미래엔), 〈최상위 초등수학〉(디딤돌교육)으로 사고력과 심화 영역을 학습했는데요. 세 가지 문제집 모두 교과 수학 문제집이나 연산 문제집에서는 경험하기 어려운 문장제를 경험해 보기에 매우 좋습니다. 다만 아이가 이 문제집을 풀 때 힘들어하거나 시간이 오래 걸리면 주말에는 주중에 풀던 문제집을 복습시키거나 쉬는 시간을 가졌습니다. 익숙한 단원은 풀지 않았고 새 학기가 시작하면서 중단하기도 했습니다. 초등 저학년 때는 이런 방식의 수학 문제도 있다는 걸 경험하는 정도로 지나가도 괜찮습니다.

사고력 수학 문제집이나 심화 문제집은 다양한 문장제를 접할 수 있다는 장점이 있지만 이 모든 문제집을 경험하기에는 아이들의 시간이 한정적입니다. 또 학년이 올라가면 자연스럽게 이해하고 풀 수 있는 것을 미리 어렵게 설명하는 경우도 있습니다. 그래서 저희 부부는 이를 거르기 위해 수학 문제집을 채점할 때 문제의 수준을 같이 확인합니다. 난이도가 높은 문제집을 소화할 수 있을 만큼 기초 지식이 적층되려면 적어도 초등학교 5~6학년은 돼야 합니다. 그러니 1~2학년은 물론, 4학년까지도 심화 학습을 하지 않아도 괜찮습니다.

03

워킹맘이 궁금해하는
초등 1학년 수학 공부법

학원을 이용하지 않고 엄마표로 아이와 공부하다 보면 여러 가지 어려움에 부딪치게 됩니다. 아이가 모르는 문제를 질문해 왔을 때 어떻게 설명해야 할지, 선행이 중요할지, 복습이 중요할지, 연산을 우선순위에 두어야 할지, 사고력을 챙겨야 할지 갈피를 잡기 어렵습니다.

쌍둥이 남매를 엄마표 학습으로 가르친 경험, 수학을 전공하고 오랜 기간 과외를 해본 경험을 바탕으로 수학을 지도할 때 어떤 점을 챙겨야 하는지 정리해 봤습니다.

Q. 엄마표 학습에서 가장 중요한 건 무엇일까?

채점은 무조건 엄마 아빠가 해야 합니다. 한 지인이 자녀가 답안지를 베껴 쓰는 것을 보았다며 이야기를 나눠 보니 많이 틀리면 싫어하니까 엄마를 기쁘게 해주려고 그랬다고 털어놓더랍니다. 저와 제 동생도 어려서 학습지를 한 적이 있었는데요. 동생은 분량이 벅차자 답과 상관없이 생각나는 숫자로 칸을 채웠습니다. 부모의 반응뿐 아니라 과도한 분량, 점수, 진도, 속도에 집착하는 태도는 답안지를 베끼거나 공부 자체를 거부하는 부작용으로 이어질 수 있습니다. 그래서채점은 꼭 엄마나 아빠가 해야 합니다. 채점을 하다 보면 아이가 분량이나 난이도에 어려움은 없는지, 하기 싫어하는 것은 아닌지 등을확인할 수 있거든요. 공부하는 습관이 길러진 이후라면 아이 스스로채점을 하게 해도 좋습니다.

Q. 문제를 이해하지 못하는 아이, 어떻게 도와줘야 할까?

아이에게 수학을 가르칠 때 가장 어려웠던 부분이 바로 문제를 이해시키는 것이었습니다. 저는 그럴 때마다 바로 풀어 주기보다 아래와 같이 단계적 방법으로 접근했습니다.

• 소리 내어 문제를 읽게 한다

아이가 어려워하는 문제를 보면 긴 문장제인 경우가 많습니다. 이는 개념이 미숙해서가 아니라 문제 자체를 이해하지 못하거나 잘못 이해하는 경우가 대부분입니다. 아이에게 문제를 소리 내어 읽게 하면 머리로 읽는 것보다 느린 속도로 읽게 됩니다. 또 다 읽은 뒤 엄마에게 문제에 대해 설명해 보라고 하면 이해를 도울 수 있습니다. 아이가 읽다 말고 "아! 알겠다!" 하며 문제를 풀면 등을 툭툭 두드려 주기만 하면 됩니다.

• 문장 끊어 읽는 법을 알려 준다

소리 내어 문제를 읽었는데도 문제를 이해하지 못하면 문장을 끊어서 읽도록 도와줍니다. 스토리텔링 수학 문제는 한 문장을 두세 줄에 걸쳐 장황하게 설명하는 경우가 많기 때문에 이를 끊어서 읽게 하면 내용을 쉽게 이해할 수 있습니다.

• 조건과 답을 구분해서 알려 준다

조금 더 쉽게 이해할 수 있도록 긴 문장에서 '조건'에 해당하는 내용과 '구해야 하는 답'을 나눠 읽게 도와줄 수 있습니다.

다음 예시 문제로 설명을 하자면, 조건은 밑줄 친 부분에 해당합니다. 문제에서 구해야 하는 답은 물결 모양의 밑줄 친 부분이고요. 끊어서 읽는 것만으로 부족할 때 이처럼 문장의 조건 부분에 직접 밑줄 문제) 현우는 연필을 사기 위해 어머니에게 2000원짜리 지폐 두 장을 받았다. 문구점에서 연필 한 자루를 600원에 판다. 어머니에게 받은 돈으로 몇 자루의 연필을 살 수 있으며 가장 많은 연필을 샀을 때 거스름돈은 얼마를 받아야 하는가?

을 그어 주거나 사선 표시를 하여 알려 주면 이해가 쉬워집니다.

· 문제를 도식화하여 이해시킨다

실체를 보면 이해가 빠른 아이들의 특성을 활용해 그림이나 도구 등 다양한 수단을 동원해 이해를 돕는 것이 좋습니다. 위의 예시 문제의 경우 문장을 지폐와 동전 그림으로 표시하거나 다음과 같이 짧은 단어로 바꿔서 이해를 도울 수 있습니다.

조건) 받은 돈 2000원,
        연필 한 자루의 값 600원
문제) 가장 많이 살 수 있는 연필 개수와 거스름돈
답을 구하는 방법)
① 2000원을 넘지 않는 순간까지 연필 한 자루의 값을 몇 번이나 반복해서 덧셈 할 수 있는가
② (낸 돈) − (가장 많이 살 수 있는 연필 값의 합) = (거스름돈)

• 개념을 설명한다

보통은 지금까지의 방법들로 충분하지만, 그럼에도 이해하지 못한다면 문제를 푸는 데 필요한 개념이나 용어, 혹은 선수 단원에서 배워야 하는 규칙을 모르는 것입니다. 개념을 설명하는 일은 부모 입장에서 매우 힘든 과정입니다. 이미 앞선 단계를 거치며 인내심이 바닥났을 수도 있고요. 아이의 모르는 부분을 채워 주는 과정이라고 생각하며 끓어오르는 화를 다스릴 준비가 필요합니다.

그런데 빈번하게 개념을 설명해야 하는 일이 발생한다면 해당 단원을 개별적으로 재학습하는 방법을 고민해야 합니다. 직접 교과서를 공부해서 원리부터 다시 가르쳐 주는 것도 방법이지만 과외나 온라인 강의 등을 활용해 고비를 넘기도록 돕는 것이 효과적이라고 생각합니다.

저희 집은 마지막 두 가지 방법은 거의 사용하지 않았습니다. 문제집의 진도가 복습 위주인데다 아이가 잘 못하면 문제 푸는 분량을 줄였기 때문입니다. 보통 부모들은 자꾸 틀리면 분량을 늘려서라도 부족한 부분을 연습시키려고 합니다. 저는 반대로 분량을 줄여 집중할 수 있게 도와주는 것이 낫다고 보는데요. 한 문제라도 제대로 이해하고 넘어가는 것이 좋기 때문입니다. 아이가 부담을 덜어 내고 집중할 수 있게 분량을 줄이거나 이전 단계를 다시 한번 복습할 수 있도록 도와주면 정답률도 높아지고 속도도 빨라집니다.

Q 수학도 반복할수록 잘하게 될까?

요즘은 수학뿐만 아니라 모든 과목에서 창의적인 사고를 무척 중요하게 다룹니다. 통합 교과로 접근하는 방식도 모자라 시험 유형도 사지선다형·오지선다형·단답형 형식에서 벗어나 다면적·추상적·창의적인 사고를 요구하는 유형으로 바뀌었죠. 이런 추세 속에서 초등학교 1학년에게는 다소 지루하게 느껴질 수 있는 연산 등의 반복 학습을 무조건 추천하는 것은 아닙니다만, 하루 10~20문항, 1~2페이지 정도는 기호나 규칙에 익숙해질 때까지 반복할 필요가 있습니다.

물론 잦은 반복은 아이들로 하여금 수학을 지루하게 만드는 지름길입니다. 그럴 때는 문제집만 바꾸어도 아이들의 주위가 환기되어 고비를 넘길 수 있습니다. 지루해하는 순간 자기 주도성을 강조하는 엄마표 학습은 원동력을 잃게 됩니다. 잘 못하는 부분을 반복할 때 똑같은 것을 다시 시키기보다는 비슷한 수준에 구성이 다른 교재로 학습을 유도해 아이의 흥미를 이끌어 내는 것이 좋습니다.

Q 연산 수학, 얼마나 해야 할까?

쌍둥이 남매는 월요일부터 금요일까지 매일 1장씩 하나의 문제집을 풀었습니다. 문제 수로는 10~30문항 정도였지요. '겨우 한 장으로 얼마나 진도를 나갈 수 있겠어?'라는 생각은 금물입니다. 문제집을 시작하고 1년이 지나자 아이들이 경험한 문제집이 열 손가락으로는 꼽을 수 없을 정도로 늘어나 있었거든요.

사실 엄마인 제 욕심 같아서는 연산, 사고력 연산, 교과 수학, 창의 수학 등 다양한 영역의 문제집을 매일 1장씩 시키고 싶지만, 아이들은 공부량에 예민하더군요. 어른의 생각보다 초등학생들은 집중 시간이 짧고 공부 외의 시간이 더 많이 필요합니다. 그리고 그 시간이 충분할수록 스트레스를 덜 받고 정해진 분량을 쉽게 소화해 내죠.

적정 학습량이 고민된다면 하교 후 아이가 활용할 수 있는 실질 시간을 기준으로 정하는 것도 좋은 방법입니다. 꼭 페이지 수를 기준으로 하지 않아도 됩니다. 하루에 5문제, 10문제 이런 식으로 정하는 것도 방법입니다.

쌍둥이 남매는 저학년 때는 학원을 거의 다니지 않아서 하교 후 다소 여유 시간이 많았습니다. 그래서 1학년 1학기에는 하루에 교과와 연산 수학을 번갈아 가며 1장씩만 학습했고, 2학기에는 교과 1장, 연산 1장, 총 2장을 학습했습니다. 학년이 올라가 방과 후 수업과 학원 시간이 달라지면서부터는 분량을 조절했습니다. 교과 수학은 1장을 유지했고, 연산은 2학년으로 올라가면서 주 4회로 횟수는 줄이되 하루 1.5~2장으로 분량을 늘렸습니다. 학년이 올라가거나 학기가 달라지는 방학에 분량을 조절하면 아이들의 마음가짐도 달라져 좀 더 쉽게 적응하게 되더군요.

Q 연산 속도는 빠를수록 좋을까?

연산 속도가 빠르면 당연히 좋겠죠. 그러나 빠르게 연산하는 일은 결코 쉽지 않습니다. 쌍둥이 남매도 두 자리 수의 덧셈과 뺄셈 부분을 시작하면서 연산 속도가 좀처럼 나아지지 않았습니다. 그러다 보니 울면서 저녁 늦게까지 문제를 푼 날도 있었죠. 그런데 그 고비를 넘기고 나니 정확도도 올라가고 다시 문제 푸는 시간이 짧아졌습니다.

문제집에서 제시하는 대로 몇 분 만에 풀라고 요구하면 아이는 쉽게 지칠 수 있습니다. 시간을 체크하는 연산 풀이는 재미 삼아 가끔씩 이벤트처럼 해보는 것이 좋습니다. 연산은 빠른 것보다 정확한 게 우선이고 더 중요합니다. 정확도를 높이면 속도는 저절로 따라옵니다.

Q 선행을 꼭 시켜야 할까?

아이가 소화해 낼 수만 있다면 선행 학습이 왜 나쁘겠어요? 문제는 아이가 제대로 소화하지 못할 때인데요. 저도 아이들이 유치원생일 때 구구단 표를 거실 벽에 붙여 둔 적이 있습니다. 당시 유행하던 구구단 동요 덕분인지 구구단 표를 보며 3단까지는 쉽게 외우더군요. 하지만 막상 구구단을 배우고 응용하는 2학년이 됐을 때는 하나도 기억해 내지 못했습니다. 아이에게 도움이 된다면 진도를 앞당겨 선행을 계속해도 상관없지만 그렇지 않다면 지금 학년에 맞는 내용을 충분히 복습하는 게 낫습니다.

맞벌이 부모가 퇴근하는 시각까지 하교 후 시간을 채우기 어려워서 학원을 선택하는 경우에도 선행보다는 복습 중심으로 관리해 주는 학원을 선택하는 게 좋습니다. 요즘 학원은 선택의 폭이 다양하고 아이의 학습 관리에 신경 쓸 경우 요구 사항을 많이 반영해 줍니다. 아이의 역량에 따라 속도 조절을 꾸준히 요청하면 무리한 선행을 피할 수 있습니다.

Q 언제까지 연산 공부를 시켜야 할까?

초등학교 고학년에 나오는 분수와 소수, 특히 분모의 값이 서로 다른 분수의 사칙 연산이 제대로 학습되지 않으면 중·고등학교 수학에서 어려움을 겪더군요. 이 시기를 무사히 넘기려면 자연수의 나눗셈에 익숙해야 합니다. 나눗셈을 잘하려면 곱셈과 구구단이 바탕이 되어야 하고요. 곱셈과 구구단의 기초는 덧셈과 뺄셈입니다. 즉 가능하면 초등 시기에는 연산을 꾸준히 지속하는 것이 도움이 된다고 봅니다. 교과서의 진도에 맞춰 적은 분량이라도 천천히, 매일 반복하는 것이 좋습니다.

Q 오답 노트는 언제부터 시작하면 좋을까?

오답 노트는 진짜 모르는 개념을 만났을 때 풀이 과정을 다시 처음부터 되짚어 보며 내용을 다지는 데 많은 도움이 됩니다. 다만 1~2학년의 경우에는 오답 노트를 따로 마련할 만큼 풀이 과정이 긴 문제가 드물고, 아이들도 쓰기가 익숙하지 않으므로 쓰기에 대한 부담이 적어지는 3학년 이후부터 활용하는 것이 좋습니다. 중요한 개념인데 아이가 모를 때, 반복해서 틀리는 유형의 문제가 있을 때 등 정리가 필요한 내용을 선별해 오답 노트를 작성해 볼 것을 추천합니다.

04

1학년 국어 공부,
정말 독서가 전부일까?

"초등학교 저학년의 공부는 읽기가 전부다."라는 말을 들어 보셨나요? 마치 이 이야기를 뒷받침하기라도 하듯 초등학교에 입학하면 학교마다 자체 제작한 독서록을 나눠 주며 책을 읽고 독후감을 쓰도록 독려합니다. 독서록과 함께 각 학년별 권장 도서 목록도 제공하죠.

쌍둥이 남매가 1학년 때는 일부러 교과서 수록 도서 목록을 찾아 읽혔습니다. 교과서 수록 도서 목록은 교과서 말미에 나와 있기도 하지만 각종 온라인 서점에서 '학년별 교과서 수록 도서'라는 이름으로 책 묶음을 판매하기도 합니다. 제가 교과서 수록 도서를 읽힌 것은 이미 읽은 책을 교과서에서 만나면 공부에 좀 더 흥미가 생기지는 않을까 하는 기대감 때문이었습니다. 하지만 집에서 본 책이 교과서에 나왔다며 흥분하는 정도에 그치더군요.

그런데 정말 독서가 공부의 전부일까요? 물론 책을 많이 읽으면 문장 이해 능력이 올라가고 배경지식이 많아져 공부를 잘하게 될 가능성이 높아지겠죠. 그러나 정작 시험 볼 때는 문장 자체의 이해력보다 배운 내용의 핵심을 파악해 내는 학습력이 뛰어나야 유리합니다. 독서가 조금 부족해도, 혹은 다양한 독서를 하지 않아도 충분히 시험을 잘 볼 수 있습니다. 특히 교과 시험에서 우수한 점수를 얻으려면 시험에 맞춰 공부를 해야 합니다. 독서만으로 시험에 필요한 모든 지식을 쌓기는 어렵죠. 다양한 문제집의 도움을 받아야 합니다. 실제로 제 주위에는 책을 거의 읽지 않는데도 공부를 잘하는 친구가 많았습니다.

공부를 잘하려면 문장 이해력과 학습력이 조합되어야 합니다. 저희 부부는 나이가 들면서 더 열심히 책을 읽습니다. 저희가 독서를 하는 목적은 삶에 대한 간접 경험과 다양한 사색을 즐기고 싶어서입니다. 그러다 보니 공부 때문에 독서를 강요하고 싶지 않다는 게 저희의 생각이죠. 물론 노는 것보다 책 읽는 모습이 더 예뻐 보이는 것은 사실입니다. 하지만 굳이 잘 놀고 있는데 강제적으로 책을 읽으라고 권하지는 않습니다.

독서를 강조하는 문화 탓인지, 우리는 국어 교육에서도 '읽기'에 집중하는 경향이 있습니다. 하지만 읽고, 쓰고, 듣고, 말하는 모든 영역의 학습이 필요합니다. 요즘 초등학생들의 장래희망 1위가 유튜브 크리에이터라는 설문 조사를 봤는데요. 유용한 지식을 재미있게 전달하는 채널이 인기가 많습니다. 동영상 한 편을 만들기 위해서는 전달하려는 지식을 재미있게 구성해서 말하는 노하우가 필요합니다. 읽기, 쓰기, 말하기 능력이 고루 필요한 것이죠.

저는 쌍둥이 남매의 국어 학습을 위해 독서뿐만 아니라 감상문 쓰기를 통해 쓰기를, 『사자소학』을 활용해 말하기를 연습시켰습니다. 이와 더불어 〈국어 교과서 글씨 쓰기와 받아쓰기〉(육은숙, 학은미디어), 〈훈민정음〉(성정일, 시서례) 문제집을 통해 쓰기 중심으로 교과 공부의 흐름을 따라갔습니다. 사실 1~2학년 기간에는 문제 풀이식 국어 교과 문제집을 꼭 풀지 않아도 학교 수업에 어려움을 느끼지 않습니다. 하지만 3학년부터는 내용도 많아지고 어려워지므로 교과 문제집을 한 권 정도는 푸는 것이 좋습니다.

쓰기

생각을 표현하는 방식 중에 가장 최고는 바로 글쓰기가 아닐까 합니다. 저는 학교 프로그램을 적극 활용하여 다양한 글쓰기 기회를 아이들에게 마련해 주고자 했습니다. 사실 글쓰기 지도는 대부분의 엄마에게 부담스러운 일입니다. 하지만 글을 잘 쓰는 법이 아닌 자신의 생각을 글로 표현하는 기회를 만들어 주겠다는 차원에서 시작하니 편한 마음으로 접근할 수 있었답니다.

• 일기 쓰기로 글쓰기와 친숙해지기

쌍둥이 남매는 7세 여름 방학부터 일주일에 한 번씩 일기를 썼습니다. 쓰기에 익숙해지기 위해 시작한 일이지만 일기를 습관처럼 쓰게 되길 원했습니다. 그래서 일단 쓰기만 하면 칭찬을 했습니다. 일주일에 한 번, 세 문장 정도로 부담을 주지 않는 선에서 시키며 틀린 문법도 거의 지적하지 않았죠.

저희 같은 맞벌이 부부는 시간에 쫓기는 주중보다는 피드백이 가능한 주말에 시작하는 것이 좋습니다. 7세 기간에는 주말에 1회, 초

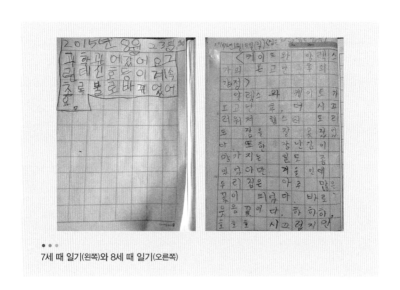

7세 때 일기(왼쪽)와 8세 때 일기(오른쪽)

등학교 입학 후에는 학교 숙제로 일주일에 1회 이상 일기를 써야 했기 때문에 주중 1회, 주말 1회로 총 2회씩 쓰는 것을 목표로 잡고 실행했습니다.

일기 쓰기를 지도하면서 가장 어려웠던 점은 특별한 이벤트가 없으면 아이들이 "오늘은 쓸 게 없어."라고 투덜거리는 것이었습니다. 그때마다 그날의 일과를 천천히 상기시켜 주기는 했지만 엄마가 썼으면 하는 주제를 권하지는 않았습니다. 그래서 처음에는 시간 순서대로 무엇을 했는지 나열하고 좋았다, 나빴다로 마무리하는 일기가 대부분이었습니다. 그날 일어난 일이 아니면 쓰지도 못했죠. 그러다 조금씩 느낌이 들어가고 좀 더 미래지향적인 각오나 생각이 들어가기 시작하더라고요. 그런 글은 하루의 일과를 나열한 글과 달리 감동적이었습니다.

단순한 일상 속에서 소재를 찾아 글로 표현하는 방법을 익히게 되면 일기는 점점 좋아집니다. 하지만 이렇게 되기까지 많은 시간이 걸리니 여유를 갖고 기다리는 것이 좋습니다.

사실 일기는 매일 쓰는 것이 좋은데요. 일기뿐만 아니라 모든 습작 활동은 매일 쓰기를 권합니다. 그러나 아이들뿐만 아니라 어른들에게도 힘든 일이죠. 그러니 주말마다 혹은 일주일에 몇 회 등으로 규칙적으로 할 수 있도록 해주는 편이 좋습니다.

일기 쓰기에 익숙해졌다면 그 다음에는 천천히 감상문, 독후감처럼 주제와 형식이 다른 다양한 글쓰기도 연습해 보면 좋습니다.

• 독서록 쓰기

초등학교에 들어가면 독서록 쓰기가 시작됩니다. 그 당시 저는 단순히 책을 읽기만 하는 것이 아니라 글쓰기를 시킬 수는 없을지 고민했었는데요. 때마침 학교에서 독서록을 나눠 주며 책 읽기와 쓰기 활동을 독려해 주니 좋았습니다. 요즘 독서록은 책의 제목과 저자, 내용, 소감을 쓰는 옛날 방식이 아니라, 그림일기 형식, 만화 형식, 상장 형식, 편지 형식 등 다양한 쓰기 형태를 경험할 수 있도록 구성되어 있습니다. 학교에서 나눠 준 독서록만 꾸준히 해 나가도 제법 괜찮은 독서 교육을 할 수 있을 정도인데요. 학교마다 기준은 상이하지만 도서관 대출 권수, 독서록에 기록한 권수가 일정 수준에 도달하면 상장도 받을 수 있습니다.

저는 아이들이 1~3학년까지 매주 2권씩 책을 읽고 학교에서 나눠 준 독서록에 독후감을 쓰게 했습니다. 그 이상 읽고 쓰는 것은 자율에 맡겼는데요. 담임 선생님에 따라 독서록 쓰기를 관리해 주시는 분도 있고, 그렇지 않은 분도 있었습니다.

땡글이의 1학년 담임 선생님은 매일 아이들에게 학교 도서관에서 책을 빌리고 일주일에 2회 이상 독서록을 쓰게끔 관리를 해주셔서 저는 따로 신경 쓰지 않아도 되었습니다. 반면에 방글이의 담임 선생님은 아이들의 자율에 맡기시는 분이라 집에서 따로 아이가 스스로 매주 한 번 이상 도서관에 갈 수 있도록 신경을 써주었습니다. 아이들이 쓴 독서록은 주말마다 책의 일부분을 그대로 발췌하거나 요약하지는 않았는지, 아이만의 생각이 잘 담겨 있는지 중점적으로 체크했습니다. 오탈자도 신경 쓰이기는 했지만 오탈자보다는 아이의 생각이 담긴 문장을 중심으로 칭찬해 주자 점점 생각을 쓰는 분량이 늘어났습니다.

저는 많이 쓰는 것보다 꾸준히 쓰는 것을 목표로 아이들의 독서록을 관리해 주었는데요. 처음에는 3~5줄 정도만 쓰게 해 익숙해질 수 있도록 했습니다. 충분히 익숙해졌을 때 책의 중심 내용과 생각을 담도록 하였지요.

아이가 읽는 책은 주로 학교 도서관을 활용했습니다. 학교에서는 만화책을 대출하거나 독후감을 쓰는 것을 권장하지 않거든요. 저는 아이들이 만화책 읽는 것을 막지는 않았지만 되도록 독서록은 글 중심의 책을 읽고 쓰도록 했습니다.

• 조금 더 욕심 부린다면 체험 감상문 쓰기까지

아이들이 일기와 독서록에 제법 익숙해지자 체험 감상문으로 눈을 돌렸습니다. 때마침 2학년부터 쌍둥이 남매가 다니는 학교에서 '내가 만든 책'이라는 주제로 숙제 이벤트를 하더군요. 그림, 글 등 다양한 창작물 60장을 1년간 모으면 매년 12월에 한 권의 책으로 제본해 주는 행사였습니다. 자율 과제였지만 학교라는 권위를 빌려 아이들과 함께 다양한 주제의 글쓰기를 시도할 수 있겠다 싶었습니다.

처음에는 형식에 얽매이지 않고 아이가 하고 싶은 대로 쓰게 했습

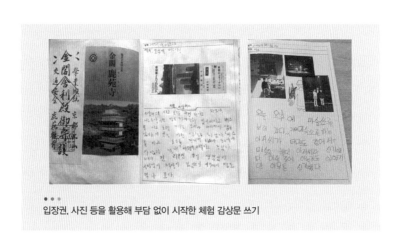

입장권, 사진 등을 활용해 부담 없이 시작한 체험 감상문 쓰기

니다. 아이들이 감상문을 쉽게 쓸 수 있도록 자료도 제시해 주었죠. 자료라고 해봐야 전시관이나 박물관에 가면 무료로 받을 수 있는 안내 책자가 전부였지만 많은 사진이 실려 있어 도움이 되었습니다. 아이들이 힘들어할 때면 안내 책자, 입장권, 사진 등을 붙이고, 나머지 여백에만 글을 쓰게 했습니다. 그렇게 했더니 쓰기 부담이 확연히 줄어들더군요. 그림이나 사진 등을 활용해 기억을 상기시키며 글을 쓰다 보니 자연스럽게 쓰기가 손에 붙는 타이밍이 왔습니다.

학교의 도움으로 쌍둥이 남매는 매년 체험 감상문을 쓴 자료 60장을 묶어 책으로 제본하고 나머지 감상문과 각종 그림 등의 자료는 학년을 마칠 즈음 아이들의 단원 평가, 수행 평가 자료와 함께 저의 회사 근처 제본사를 통해 별도의 책으로 만들어 주었습니다. 체험 감상문 쓰기는 아이들과 재미있는 체험도 하고 이를 글로도 표현해 보고

홋날 되돌아볼 수 있는 소중한 자료도 얻는 일석 삼조의 효과를 가지고 있으니, 꼭 한번 시도해 보길 권합니다.

말하기

말하기는 수업 시간의 발표뿐만 아니라 교실에서 생활활 때 자신의 의사를 표현하는 데 대단히 중요한 수단입니다. 말하기 능력을 키워 주기 위해 제가 집에서 실천한 방법은 다음과 같습니다.

· 발표하기

초등학교에 입학하면 아이들은 다양한 말하기 상황에 놓입니다. 수업 시간에 해야 하는 발표를 비롯해 웅변, 영어 말하기 등 각종 경연 대회도 있죠. 공개 수업에 참여해 지켜보니 땡글이는 스스로 손을 들고 발표도 썩 잘했습니다. 목소리도 크고 또랑또랑했죠. 반면에 방글이는 전혀 발표를 하지 않더군요. 어쩌다 하게 되어도 목소리가 너무 작아서 안 들렸습니다. 선생님이 발표를 안 한다고 지적할 정도였습니다. 그러나 저는 아이에게 발표를 열심히 하라고 다그치지 않았습니다. 발표하는 것을 어려워한다면 굳이 권하지 않았습니다.

부모라면 보통 자신의 아이가 수업 시간에 발표도 잘하며 학교생활에 적극적이길 바랍니다. 그런 모습이 모범적인 아이의 표준형처럼 제시되는데 제 생각은 좀 다릅니다. 소심한 아이라고 해서 모범생이 아니거나 발표를 잘한다고 해서 문제가 없는 것은 아니거든요. 방글이 역시 발표는 잘하지 않았지만 매년 손댈 것이 없는 모범생으로 꼽혔습니다. 반면에 땡글이는 친구들에게 하지 않아도 될 말(속도가 느려서 답답하다고 친구를 재촉하거나, 너는 그것도 못하냐는 등의 말)을 해서 상담 때 지적받은 적이 있었습니다.

발표를 못한다고 해서 아이를 다그칠 필요는 없습니다. 아이의 생각이 바른지, 생각을 글이나 말로 표현하고 행동으로 옮길 수 있는지, 의사소통에 어려움은 없는지 등을 부모가 알고 있는 것이 더 중요합니다. 저는 평소 일기나 감상문 쓰기를 통해 아이의 생각을 충분히 접하고 있었던 덕분에 발표를 부끄러워하는 방글이에 대해 크게 걱정하지 않았습니다.

• 『사자소학』 한 줄 대화

『읽고 쓰고 한자 쓰기 사자소학』(최장구, 움터미디어)은 한 페이지마다 8개의 한자와 각각의 음과 한글 뜻이 작은 그림과 함께 구성되어 있습니다. 8~24개의 한자를 묶으면 효, 예의범절, 태도에 관한 지침이 하나씩 완성되는데요. 『사자소학』은 바른 태도나 마음가짐에 대해 말하는 고전으로, 부모가 말했다면 잔소리처럼 여겨질 내용을 책을 이용해서 효과적으로 가르칠 수 있다는 장점을 가지고 있습니다.

1학년 때부터 지금까지 이 책을 3회 이상 반복하면서 매일 4개씩 한자도 써보고 한자에 담긴 이야기를 아이들과 나누고 있는데요. 숙제를 검사할 때 그날의 문장을 주제로 아이들에게 생각을 물어봅니다. 아직 심도 있는 대화를 나누지는 못하지만 엄마 아빠의 질문을 통해 『사자소학』의 뜻을 한 번 더 생각해 보고 자신의 생각을 표현하는 시간을 가진다는 데 의의를 두고 있습니다.

초등학교에 입학하면서 한자 교육을 시작한 이유는 우리나라 말이 한자어로 이루어져 있어 한자에 익숙하면 문장을 이해하는 데 도움이 될 것이라고 여겼기 때문입니다. 사실 처음에는 단순한 한자 쓰기 공부에 불과했습니다. 그러다 대화를 더하게 된 계기는 심정섭 교육 전문가의 강연입니다.

당시 저는 자녀교육에 많은 고민을 안고 있었습니다. 그래서 입시의 최전선이라는 대치동에서 20년 넘게 교육에 몸담고 있는 심정섭 전문가의 강연을 찾아가 들었습니다. 보통 아이들과 대화하다 보면 잔소리로 이어져 아이들의 귀와 마음을 닫게 하는데요. 저도 아이들과 얘기를 많이 한다고 자부하지만 실상을 들여다보면 잔소리인 경우가 대부분이었습니다. 이런 대화 패턴에서 벗어나는 방법으로 심정섭 전문가는 '책을 통한 삼자 대화'를 제안하더군요. 잔소리로 빠지기 쉬운 아이의 태도나 공부 같은 일상을 주제로 대화하기보다 책이라는 제3의 매개체를 주제로 삼아 아이와 부모의 생각을 서로 쏟아내는 대화법입니다. 이때 주의할 점은 아이가 더 많이 말할 수 있도록 북돋는 대화를 하는 것인데요. 그는 만약 이러한 과정이 없다면 아이들이 유튜브와 TV, 친구들로부터 자신의 사상과 가치, 생각을 채워 나갈 것이라고 했습니다. 이 강연을 듣고 난 뒤 아이들과 좀 더 많은 대화를 나눠야겠다고 결심하게 되었습니다.

하지만 현실은 아이와 대화할 시간이 턱없이 부족합니다. 맞벌이 부부는 더욱 그렇죠. 그렇다고 해서 죄책감을 느낄 필요는 없습니다. 전문가의 가이드나 주변 사람을 따라 자녀교육을 하려고 애쓰기보다 『사자소학』을 활용하는 저처럼 각 가정의 상황과 특성에 맞춰 가능한 형태를 찾으면 됩니다.

워킹맘이 궁금해하는
초등 1학년 국어 공부법

'책육아'라는 신조어까지 생길 정도로 독서 교육은 자녀교육에 관심 있는 엄마들에게는 일종의 종교처럼 자리를 잡았습니다. 앞서 독서가 국어 학습의 전부는 아니라고 말했지만 솔직히 말하면 저도 엄마표 학습을 진행하면서 어떻게 독서해야 국어 학습에 도움이 될 수 있을까를 열심히 연구했습니다. 그리고 '어떻게' 독서를 해야 하는가에서 답을 찾았는데요. 단순히 글자를 읽기만 하는 독서를 넘어, 생각을 확장시키고 말과 글로 표현하는 것이 올바른 독서라는 결론을 얻었습니다.

아이의 국어 학습을 위해 어떤 종류의 독서를 해야 하는지, 어떻게 말과 글쓰기로 연결할 수 있는지에 대해 그동안의 경험과 공부를 바탕으로 다음과 같이 정리해 봤습니다.

Q 교과 공부와 독서 중 어디에 우선순위를 둬야 할까?

쌍둥이 남매는 3학년이 되어서야 교과 공부용 문제집을 경험했습니다. 그조차도 매일 문제 풀이를 한 것이 아니라 학기 중에는 주당 1~2회 정도 학교 진도에 맞춰 자유롭게 문제집을 풀도록 했습니다.

처음에는 한 권의 문제집이 그 학기 내에 끝나기를 바라며 아이들과 학습 목표를 세웠습니다. 그러자 문제집을 푸느라 독서할 시간이 부족해졌습니다. 그래서 문제집은 단원 평가를 중심으로 배운 것을 복습하는 정도로만 활용했는데, 그것만으로도 충분했습니다. 여기서 충분했다는 것은 시험 점수 100점을 의미하는 것이 아닙니다. 단원 평가에서 70~80점 정도 받는 수준이죠.

초등학생 때는 문제집을 푸느라 독서 시간이 부족하다면 난이도를 낮추거나 분량을 줄여서라도 독서 시간을 확보하는 것이 좋다고 생각합니다. 특히 저학년 때는 많은 문제 풀이를 통해 시험에 익숙해지기보다 독서와 일의 우선순위 정하기, 시간 배분 등 자기 관리에 초점을 둔 교육이 더 중요한 것 같습니다.

Q 독서를 많이 하면 쓰기, 말하기도 잘하게 될까?

독서를 통해 배경지식을 넓히고 좋은 문장을 반복해서 읽으면 당연히 쓰기와 말하기에 도움이 됩니다. 쌍둥이 남매는 제법 자기 생각을 말로 잘 표현하는 편입니다. 가끔 책에서 읽었다면서 제가 꼼짝도 못할 논리를 들이밀 때도 있죠. 그러나 독서만으로 쓰기와 말하기를 잘하기는 어렵습니다. 독서는 받아들이는 행위이고, 쓰기와 말하기는 표현하는 행위이기 때문입니다. 표현 행위를 위해서는 받아들인 정보를 이해하고 이를 바탕으로 생각하는 과정을 거쳐야 합니다. 더 높은 수준의 능력이 필요한 것이죠.

저희 부부는 아이들에게 이러한 능력을 길러 주기 위해 자주 열린 질문을 합니다. 열린 질문이란 '네, 아니오'로 대답할 수 없는 질문을 말하는데요. 예를 들어 같은 책을 읽거나 영화를 함께 본 뒤 감상문을 쓰고 아이와 대화를 나누는 것입니다. 『사자소학』 한 줄 대화와 같은 맥락으로, 소설과 영화라는 조금 가벼운 소재들로 대화 주제를 넓혔습니다. 그러자 아이들의 수다가 시끄럽다고 느껴질 정도로 대화 소재가 풍부해졌답니다. 이때 주의할 것은 시험 보듯이 책이나 영화의 내용을 확인하는 질문은 피해야 한다는 것이죠.

Q 독서에서 워킹맘이 놓치기 쉬운 문제 행동은?

"○○아, 이거 해야지~."라고 했을 때 아이가 "아, 엄마 나 책 좀 읽고요."라고 답한다면 어떤 생각이 드나요? 대부분 '아이가 책 읽기를 좋아하네.' 하고 기특해할 것입니다. 하지만 해야 하는 일을 두고 매번 책을 읽으려고 한다면, 독서 그 자체를 즐기는 것이 아니라 할 일(공부, 숙제)의 도피처로 삼은 것은 아닌지 세심하게 관찰해야 합니다.

땡글이가 그런 경우였는데요. 처음에는 노는 게 아니라 책을 읽는 거니까 그냥 두었습니다. 그러자 공부할 시간도 고려하지 않고 책만 읽는 날이 계속되었습니다. 제시간에 해야 할 공부를 끝내지 못해 혼나는 날이 많아지자 땡글이와 이야기를 나눴습니다. 땡글이는 학교에 다녀와서 잠시 쉴 시간이 필요한데, 그때 책을 읽는 것이 좋다고 하더군요. 그러다가 책에 푹 빠지는 바람에 시간 조절을 하지 못했던 것이었습니다. 이후 책을 읽기 전에 알람을 30분 이내로 맞춰 놓거나 등교 전에 해야 할 일을 미리 하도록 연습시켰습니다. 이를 통해 해야 할 일을 먼저 끝내고 나면 책을 읽거나 놀 시간이 더 많아진다는 것을 경험하면서 아이 행동도 천천히 변화해 갔습니다.

학습 만화를 비롯한 만화책 위주의 독서도 잘 살펴야 합니다. 요즘에는 학습 만화에서 전달하는 지식의 양이 상당하기 때문에 만화책을 읽는 것이 꼭 나쁘지만은 않습니다. 그림이나 실사를 동원해 사회, 과학, 역사 등의 지식을 쉽게 전달하여 아이들이 상식을 넓히는 데 도움을 줍니다. 하지만 공부하기 싫다는 핑계로 학습 만화만 읽거나, 그림이 없는 책은 전혀 읽지 않고 만화책만 읽는다면 주의가 필요합니다. 학년이 올라갈수록 호흡이 긴 문장을 짧은 시간 내에 읽고 행간까지 해석해 내는 능력이 필요한데, 작은 말풍선 속의 단문으로만 구성된 만화책을 읽는 연습만으로는 이런 독해력을 얻기 어렵기 때문입니다.

워킹맘은 아이가 읽는 책을 일일이 살피며 관여하기 어렵습니다. 저 역시 아이들이 초등학교에 들어간 이후로는 만화책 금지령을 포기했습니다. 학교나 동네 도서관에만 가도 만화책이 너무너무 많았거든요. 다행스럽게도 학교 도서관은 만화책을 대출해 주지 않았고, 동네 도서관보다는 학교 도서관을 적극적으로 이용하는 쌍둥이 남매는 학교에서 짬짬이 보는 만화책과 집에 있는 만화책이 볼 수 있는 만화책의 전부였습니다.

저 역시 학창 시절 수업 시간에 친구들과 만화책이나 하이틴 소설을 몰래 돌려 본 경험이 있기에 흥미 위주의 독서를 아무리 통제하려고 해도 한계가 있다는 걸 잘 압니다. 계속 통제하면 부모가 모르는 곳에서 볼 궁리를 하게 되죠. 그래서 너무 통제하기보다는 적절히 활용하고 끊을 수 있도록 가르치는 게 더 좋다고 생각해 규칙을 정했습니다. ①그날의 학습이 끝나야 만화책을 읽을 수 있다, ②〈와이?〉, 〈나의 문화유산답사기〉 시리즈와 같은 학습 만화는 주중에도 읽을 수 있지만, 일반 만화책은 주말 한정 밤 9시까지만 읽을 수 있다는 규칙을 만들어 실천하게 했습니다. 현재까지도 해야 할 일만 제대로 해낸다면 정해진 시간 안에서 자유롭게 만화책을 읽게 하고 있습니다.

Q 글밥이 많은 책, 그림 없는 책은 언제부터 읽어야 할까?

방글이는 2학년 중반부터 그림이 거의 나오지 않는 동화책을 종종 손에 잡기 시작했습니다. 땡글이는 3학년이 되어서야 방글이가 읽던 동화책에 관심을 보였는데요. 쌍둥이 남매를 키우면서 아이마다 성장 시계의 속도가 다르다는 것을 종종 깨닫습니다. 그런 아이들이 학교에 다니며 일률적인 발달 과업을 따라가려면 얼마나 힘들까 하는 생각도 해봅니다. 책 역시 마찬가지입니다. 어떤 책을 읽는지는 아이마다 시기가 다릅니다. 자기의 호불호에 따라 때가 되면 자연스럽게 그림책에서 글밥이 많은 책으로 넘어갑니다. 책에 대한 관심만 내려놓지 않는다면 아이는 어떤 책이든 읽어 낼 것입니다. 그림이 있는 책이라고 해서 무조건 쉬운 책인 것은 아닙니다. 글자 수가 많지 않은 책도 배경지식이 필요하고 종종 깊은 의미를 담고 있는 경우가 있습니다. 학년마다 어느 정도 수준의 책을 읽어야 하는지 걱정이 된다면 학교에서 나눠 주는 독서록의 학년별 권장 도서나 교과서 뒤편에 나오는 수록 도서 목록을 참고하면 좋을 것 같습니다.

사실 학년이 올라간다고, 어른이 되었다고, 꼭 글씨가 많은 책을 읽어야 하는 것은 아닙니다. 어른도 그림 위주의 짧은 글로 된 책을 즐겨 읽잖아요? 글밥이 많은 책을 조금 더 빨리 읽지 못한다고 해서 아이에게 문제가 있는 것은 아닙니다. 조금만 더 아이를 믿고 기다려 주세요.

Q 도서관 이용은 어떻게 하는 것이 좋을까?

아이가 도서관에 가서 책을 읽고 왔다고 해서 안심하면 안 됩니다. 저는 도서관에 갈 때마다 어린이 열람실에서 책 읽는 아이들을 유심히 지켜봅니다. 매번 어쩜 이럴까 싶게도 99퍼센트의 아이들이 학습만화를 읽고 있더군요. 공부하기 싫은 아이들이 엄마의 눈을 피해 도서관에 와서 쉬고 간다는 느낌을 받았습니다.

만화책만 보러 도서관에 가는 것이 아니라면 도서관에서 책을 읽고 빌리는 것은 여러모로 좋습니다. 도서관을 이용하면 도서 구입 비용과 보관 공간을 절약할 수 있습니다. 또 여러 번 읽어도 좋은 책의 경우에도 도서관에서 먼저 빌려서 읽어 보고 구입하면 책만 사놓고 읽지 않아 아이와 부딪히는 충돌을 줄일 수 있죠.

온 가족이 대출 카드를 만들면 한꺼번에 많은 권수의 책을 빌릴 수 있습니다. 한번은 우연히 도서관에서 제가 초등학교 시절에 읽었던 세계명작 시리즈를 발견해 온 가족의 대출 카드를 모두 동원해 전집을 빌린 적이 있었습니다. 화려한 색깔의 삽화와 재미난 이야기에 주말 내내 꼬박 앉아서 읽는 아이들을 보며 매우 흐뭇했던 기억이 납니다.

주말밖에 외출할 시간이 없는 맞벌이 부부는 매주 주말마다 도서관에 가는 일이 쉽지는 않은데요. 따로 외출 계획이 없을 때, 피곤하지만 어딘가 나가야겠다는 의무감이 생길 때 도서관 나들이를 하면 시간을 알차게 보냈다는 느낌을 줍니다.

Q 어떻게 글쓰기를 좋아하게 만들 수 있을까?

저는 아이들의 글과 그림을 소중하게 보관하는 모습을 보여 주었습니다. 아이들이 쓴 글을 보관했다가 세상에 하나밖에 없는 책으로 만들어 주었죠. 자신의 창작물을 소중히 다루는 엄마의 모습이 아이들에게 긍정적인 동기 부여가 되는 듯 했습니다.

가끔 제가 쓴 글을 읽어 주기도 했습니다. 특히 블로그에 저장해 둔 마주이야기(아이들과 나눈 대화)를 읽어 주면 아이들이 너무 좋아했습니다. 같은 책이지만 어린이 버전과 어른 버전이 다른 책을 읽고 쓴 글도 가끔 읽어 줍니다. 엄마도 글을 쓰는 걸 알고 난 뒤 아이들도 글쓰기에 대한 거부감이 한층 더 줄어들었습니다.

아이가 글씨를 너무 못 쓰고 내용이 이상해서 연습장에 먼저 써본 뒤 일기장이나 독서록에 옮겨 쓰게 한다는 지인의 이야기를 들은 적이 있습니다. 이건 선생님께 보여드리기 위한 목적을 제외하면 아무런 효과가 없다고 생각합니다. 한 번 쓰는 것도 어려운데 똑같은 내용을 여러 번 쓰게 하면 빨리 지겨워질 수밖에 없습니다. 잘 쓰든 못 쓰든 일단 처음에는 즐겁고 간단하게 쓸 수 있게 도와주세요. 대신 매일, 매주 꾸준히 해야 한다는 것, 처음에는 그것 하나만은 꼭 인식시켜 주세요.

Q 체험 학습, 정말 효과가 있을까?

위인전을 비롯해 과학, 역사, 사회 분야의 지식 도서는 미술관, 박물관, 유적지 등을 방문하는 체험 학습과 병행하면 더욱 효과가 높아집니다. 책에서 본 장면이 눈앞에 펼쳐졌을 때 아이들이 보이는 반응은 정말 부모로서 뿌듯함을 느끼게 하죠. 이 모습을 보기 위해 많은 부모가 주말마다 아이들을 데리고 외출하려고 노력하는 것인지도 모르겠습니다. 저희 부부도 마찬가지였습니다. 주중에 아이들과 함께 하지 못한 시간을 보상이라도 하듯 책임 의식을 가지고 주말이 되면 어딘가로 외출하려고 애썼습니다. 오죽하면 쌍둥이 남매가 주말 아침마다 "오늘은 어디 가?"라고 물었을까요. 그런데 외출을 하고 나면

피곤해서 정작 책 읽을 여력이 사라지더군요. 그래서 초등학교 입학 이후에는 주말 이틀 중 적어도 하루는 쉬고 하루만 외출하는 것으로 패턴을 변경했습니다.

'백문불여일견百聞不如一見' 당연히 책으로 접하는 지식보다야 직접 보고 체험하는 지식이 최고입니다만, 피곤함을 무릅쓰고 주말마다 외출하기란 매우 어려운 일입니다. 입학하기 전 지식 도서에 나온 장소나 활동을 부지런히 쫓아다녔습니다. 쉬지 않고 외출을 하고 인증 사진을 찍으며 돌아다녔죠. 하지만 정작 아이들은 책이나 교과서에 그 장소가 나와도 기억하지 못할 때가 있었습니다. 얼마나 많은 곳을 가봤느냐가 아니라 얼마나 기억하느냐를 목표로 해야 한다는 것을 그때 깨달았습니다.

만약 서대문형무소역사관을 방문한다면, 그 장소에 대한 내용이 담겨 있는 역사책이나 그곳에서 수감 생활을 한 유관순, 안창호 위인들의 책을 먼저 읽어 봅니다. 그 다음에 시간을 충분히 두고 관람합니다. 관람을 마친 뒤에는 그곳에서 찍은 사진을 활용하여 체험 감상문을 씁니다. 그곳에서 느끼고 보고 생각한 것이 시간 속으로 사라지지 않도록 말이죠. 방문하기 전에 읽었던 책을 다시 읽고 그 느낌을 비교하는 감상문을 써보는 것도 좋은 방법입니다. 이런 방법을 통해 경험을 누적시키는 것이 더 중요하다는 것을 알았습니다.

Q 발표도 연습시켜야 할까?

선생님마다 성향이 다르겠지만 쌍둥이 남매를 담임하셨던 분들의 경우 주말을 보낸 이야기, 책을 읽고 느낀 짧은 감상 등 다양한 주제로 발표할 기회를 만들어 주셨는데요. 발표할 때마다 목소리가 너무 작아져서 곤란해했던 딸 방글이의 경우 월요일 독후 발표 활동을 위해 일요일 저녁 방문을 닫고 거울을 보며 연습하는 등 힘겨워하기도 했습니다. 사실 어른 중에도 '대중 앞에서 발표할래, 번지점프 할래?'라고 물으면 번지점프를 선택할 정도로 발표에 공포심을 가지고 있는 사람이 많다고 합니다. 어른들도 발표가 어려운데 아이들은 오죽할까요.

발표가 어려운 이유는 무엇을 말해야 할지 몰라서인 경우가 많습니다. 말하는 방법^{How}보다는 무엇^{What}을 말하느냐의 문제인데요. 말할 소재가 아이 내면에 충분히 쌓여 있다면 꾸준히 연습만 해도 발표를 잘할 수 있습니다. 어떻게 말하느냐도 무척 중요한 요소지만 무엇을 말하느냐에 대한 고민이 채워지는 것이 먼저인 것이죠. 즉 말을 잘하기 위해서는 독서 등을 통해 지식의 절대량을 채워 생각하는 힘을 키우는 것이 웅변 학원을 다니는 것보다 우선이라는 얘깁니다.

책을 보다가 궁금한 점이 생기거나 부모와 대화하다가 아는 내용이 나오면 무척 수다스러워지는 아이들을 경험해 보셨을 텐데요. 아이들의 얘기를 듣고 있다 보면 하고 싶은 말이 얼마나 많은지 시간 조절이 안 되는 경우가 많습니다. 물론 학원에서 말하는 자세나 발성법을 연습한다면 아무래도 자신감을 가지는 데 도움이 되기는 할 것입니다. 아나운서 아카데미를 다녔던 직장 후배의 말에 의하면 발성법을 배운 결과 좀 더 자신 있게 말하게 됐다고 하더라고요.

Q 말을 잘하는 아이가 쓰기도 잘할까?

저희 집은 땡글이가 방글이보다 말문이 트이는 속도가 조금 빨랐고, 평소에도 더 수다스럽습니다. 하지만 글쓰기 내용의 수준은 방글이와 하늘과 땅만큼 차이가 납니다. 땡글이도 가끔은 머릿속에 이런 생각들을 품고 있었구나 싶을 정도로 깜짝 놀랄 만한 글을 쓰기도 하지만, 평균적으로는 차분히 쓰기 연습을 하는 방글이가 훨씬 글을 잘 씁니다.

쌍둥이 남매처럼 반대인 경우도 있지만 보통 사람의 경우에는 말을 잘하면 글도 잘 씁니다. 물론 말이 글로 연결되도록 연습하는 과정은 필요합니다. 연습 없이 잘할 수 있는 건 세상 어디에도 없으니까요. 『표현의 기술』(생각의길)에서 유시민 작가는 노력만으로도 충분히 어느 정도 글을 잘 쓸 수 있다고 말합니다. 시나 소설 같은 분야 이외에 일기, 독서록, 감상문, 논술은 연습을 거듭하면 충분히 좋아질 수 있다는 말인데요. 아무리 재능이 뛰어나도 노력하는 사람을 이길 수 없다고 생각합니다.

Q 말하기보다 더 중요한 것은 무엇일까?

말하기보다 중요한 것은 바로 듣기입니다. 큰 목소리로 발표를 잘하는 아이보다 친구와 선생님의 이야기를 귀담아듣는 아이가 더 인기도 많고 사랑받습니다. 회사에서도 자기만 옳다고 주장하는 사람보다 주위의 의견을 잘 취합하여 중재하는 사람이 일을 잘한다는 평을 듣는 경우가 많습니다. 아이가 발표를 잘 못한다면 안타깝게 여기기보다 잘 듣는 특성이 있는지 살펴보고 칭찬해 주면 어떨까요? 성격을 바꾸는 일은 어렵지만 상황을 다른 시각으로 바라보고 좋은 점을 찾는 일은 누구나 얼마든지 할 수 있습니다.

06

학교에서는 배우지 못하고, 부모는 가르칠 수 없는 예체능 교육

초등학교 입학을 전후로 미술, 피아노, 수영, 줄넘기 등의 예체능을 배우는 아이가 많습니다. 저희 아이들도 학원과 방과 후 활동을 활용해서 미술, 피아노, 플룻, 수영, 축구, 줄넘기, 배드민턴, 요리, 드론, 과학 실험 등 다양한 영역을 체험해 보는 기회를 가졌습니다.

예체능 활동도 별도의 교육을 받는 이유는 미리 배워 두면 학교에서 치르는 수행 평가나 각종 교내 대회를 수월하게 준비할 수 있기 때문인데요. 가령 1학년 체육 시간에는 줄넘기를 합니다. 1~2학년 기간 동안 연속으로 줄을 넘은 개수에 따라 급수 평가를 하죠. 아이들마다 실력의 편차가 심해서 어떤 아이는 중간에 쉬지 않고 연속으로 수십 개를 해내고 쌩쌩이도 할 수 있는 반면, 줄을 한 번도 넘지 못하는 아이도 있습니다. 3학년 때 배우는 리코더도 다른 악기를 배워서 이미 악보 읽는 법, 운지법^{악기를 연주할 때에 손가락을 쓰는 방법}을 아는 아이는 바로 곡을 연주할 수 있습니다. 그렇지 못한 아이는 도레미의 음계 소리도 내지 못합니다. 또 3~4학년 기간에는 안전 교육의 일환으로 수영을 배우는데 이미 많은 아이가 학원에서 배워 와서 한쪽에서는 물에 뜨는 연습을 하느라 애를 먹고, 다른 한쪽에서는 물속에서 자유롭게 수영하며 놀고 있다고 하더군요. 더욱이 학교에서 열리는 각종 대회나 발표회에서도 미리 학원에서 배운 아이들이 돋보이는 경우가 많습니다.

당연히 학원이나 방과 후 수업을 통해 예체능을 가르칠 수밖에 없는 분위기입니다. 학교 수업만으로는 아이들 수도 많고 각자의 편차가 심해 실력을 향상하기가 어렵기도 하고요. 또 학교에서 다루는 활동보다 학원을 이용하면 넓은 범위의 예체능을 배울 수 있다는 장점도 있습니다. 고학년이 되면 학습 비중이 높아져 예체능 습득에 시간을 쏟기가 어려워지는 것도 또 다른 이유입니다. 상대적으로 여유가 있는 저학년과 중학년 시기에 다양한 예체능 활동을 경험시켜 특기라도 만들어 주기 위해 노력하게 되는 거죠.

사실 저는 지금까지 언급한 이유보다 다른 이유로 아이들의 예체능 활동에 관심을 기울였습니다. 아이들이 성인이 됐을 때 직업 선택이든 마음의 위안이든 살아가는 데 힘이 되어 줄 능력을 길러 주는 게 목표인데요. 그래서 한번 시작한 예체능 활동은 오랜 시간 배워 일정 수준 이상 도달할 수 있도록 돕고 있습니다.

각각의 예체능은 배우기에 적절한 시기가 있는 것 같습니다. 학교 수업과의 연계를 고려하여 배우기 시작하면 좋은 시기를 주관적으로 정리해 보았습니다.

줄넘기, 축구와 같은 생활 체육을 배울 수 있는 태권도는 1학년 이전에 시작해도 괜찮지만, 수영이나 검도, 배드민턴 등은 팔다리에 힘과 근육이 붙는 1학년 이후에 시작하는 것이 효과적입니다. 미술은 5~6세부터 초등 저학년 때까지 배워 두면 자유 시간에 놀이할 때나 학교의 각종 미술 대회에 참여할 때 도움이 됩니다. 악기는 악보와 글씨를 읽을 수 있는 1~2학년부터 시작하면 좋습니다.

학원을 선택할 때는 등·하원이 편리하고 주변 환경이 안전하며 친구들과 어울릴 수 있는 곳을 추천합니다. 그래야 오랜 기간 재미있게 배울 수 있습니다. 학원보다 수업료 부담이 적은 방과 후 수업을 듣는 것도 좋은 방법입니다.

07

영어 공부의
목적을 정해야 한다

우리나라에서 사교육으로 가장 많은 비용과 시간이 투자되는 과목이 무엇일까요? 바로 영어입니다. 하지만 수학이나 국어에 비하면 저는 쌍둥이 남매의 영어 학습에 대해서는 노력한 것이 하나도 없다고 해도 과언이 아닌데요. 그래도 영어 학습을 언급하는 이유는 초등학교 3학년부터는 학교에서 영어 과목의 학습이 시작되고 여전히 입시에서 가장 중요한 영역이라 학습 준비가 필요하기 때문입니다. 가능하면 초등학교 1~2학년 때는 영어를 듣고 읽을 수 있는 환경에 노출시키는 것을 적극 권장합니다. 하지만 영어 공부 때문에 국어나 수학 공부에 소홀해지고 독서할 시간이나 놀 시간이 부족해진다면 안 해도 괜찮다고 생각합니다. 다만 초등 교과서에서 다루는 영어와 중학교 교과서의 수준 차이가 상당하므로 영어가 정규 수업으로 배정되는 3학년부터는 본격적인 영어 학습이 필요하죠.

저는 영어를 일상 언어가 아닌 학습 대상이라고 봅니다. 대한민국에서 영어가 차지하는 위치 때문입니다. 대부분의 사람이 영어를 공부하는 이유는 크게 두 가지일 것입니다. 첫째, 입시 혹은 회사 입사를 위한 점수(스펙)가 필요하기 때문입니다. 둘째, 생활하거나 일하는 데 영어가 필요하기 때문입니다. 점수(스펙)로써의 영어는 '문법+듣기+읽기+쓰기' 능력의 싸움인 반면에 회화로써의 영어는 여기에 '말하기' 영역을 추가해야 합니다. 시험에서 '듣기'와 '쓰기'는 비중이 매우 적습니다. '말하기'는 거의 해당되지도 않죠. 즉 시험은 '문법'과 '읽기'의 비중이 매우 높고 회화는 '듣기'와 '말하기'의 비중이 매우 큽니다.

저는 쌍둥이 남매의 영어 학습 목표를 현재까지는 대학 입시에만 초점을 두고 있습니다. 대학 입시 이후의 공부, 특히 영어 회화는 아이들의 몫이죠. 사실 모든 공부는 본인 스스로의 동기가 우선이기에 부모가 도와줄 수 있는 유일한 영역을 대학 입시라고 한정한 것입니다. 영어를 사용하는 환경이 아닌데 입시를 넘어설 정도로 잘 듣고 잘 말하는 것을 아이에게 요구할 필요는 없다고 생각합니다. 그래서 아이들 스스로 영어 공부를 하고 싶다고 금전적·방법적 도움을 요구하지 않는 한, 또는 아이가 특별히 영어가 필요한 삶의 목표를 정하지 않는 한 제가 나서서 무리하게 학습시키지는 않으려 합니다.

저와 다른 의견이 충분히 있을 수 있습니다. 입시를 위해 하나라도 더 미리 공부해 두면 좋다고 생각할 수도 있고, 다른 나라 사람들과 자유롭게 소통하고 문화를 배울 수 있는 도구라고 생각해 일찍부터 영어를 가르칠 수도 있습니다. 다만 영어는 수단이자 도구지 목적은 아니라고 생각합니다. 그래서 초등 저학년 때까지는 영어 학원에 시간과 비용을 소비하기보다 올바른 생활 습관과 공부 습관을 만들어주기 위해 노력하는 것을 선택했습니다.

그럼에도 걱정이 없는 것은 아니었지만, 막상 초등학교 3학년 영어 교과서를 받고 살펴보니 영어를 방과 후 수업에서밖에 배우지 않은 쌍둥이 남매도 교과서 영어는 너무 쉽다고 느낄 정도의 수준이었습니다.

저는 초등 기간에는 영어에 대한 흥미를 높이고 문장과 단어를 조금씩 익히는 것 정도를 학습 목표로 정했습니다. 이를 위해 1학년 동안 예체능 수업으로만 채웠던 방과 후 수업의 일부를 2학년부터는 영어로 바꾸었으며 영어를 공부라고만 느끼지 않게 팝송과 영화를 자주 접하게 해주었습니다. 물론 제가 아무리 공부라고 느끼지 않게 하려고 해도 아이들은 이미 영어를 공부로 인식하고 있지만요. 물론 중학교부터의 영어 공부는 어쩔 수 없이 사교육의 힘이 필요하다고 판단해 4학년부터는 영어 학원에 보내고 있으며 단어, 문법, 읽기, 쓰기 등을 차근차근 배우게 하고 있습니다.

영어 경쟁에서 우리 아이 괜찮은 걸까?

쌍둥이 남매가 7세가 되던 해에 함께 유치원을 다니던 친구들 중 몇 명이 영어 유치원에 다닌다며 기관을 이동했습니다. 맞벌이 부부로 친하게 지내던 직장 선배 역시 아이가 유치원에 들어갈 나이가 되자 영어 유치원에 보내 학습을 돕는다며 부인이 일을 그만두더군요. 영어 유치원으로 전학 가는 친구들이나 선배의 아이를 보면서 우리아이들의 영어 교육에 대해 걱정을 안 했다면 거짓말이겠죠. 하지만 우리나라와 같은 영어 환경에서는 어릴 때부터 아무리 영어 공부를 열심히 해도 미국에 10대 후반에 이민 간 사람보다 높은 수준의 영어 회화 능력을 보여 주지 못한다는 연구 결과가 있습니다. 또한 그동안의 조기 영어 교육 열풍으로도 지난 수십 년간 우리나라의 영어 수준이 현저히 높아졌다는 조사 역시 나오지 않고 있다고 합니다. (『당신의 영어는 왜 실패하는가』 이병민, 우리학교) 즉 성적이나 입시를 위해 영어를 무리하게 일찍부터 시작할 필요가 없다는 말입니다. 게다가 영어 유치원을 보냈던 선배의 아이는 3학년이 되면서 회화는 가능한데 문법에 어려움을 겪으며 영어 과목에서 좌절감을 느꼈다고 합니다. 그 영향으로 다른 교과까지 성적이 떨어졌다는 얘기를 들으며 저는 아이들의 영어 교육을 서두르지 않을 수 있었습니다.

저희 집의 경우 많은 고민 끝에 4학년으로 올라서는 시기에 강남으로 이사를 가며 전학을 했습니다. 확실히 이전에 살던 지역보다 영어 학습 수준이 매우 높아졌습니다. 첫 영어 수업에서 외국인 선생님과 자유롭게 대화하는 몇몇 친구들의 모습을 본 저희 아이들은 "여기 아이들은 모두 다 영어를 정말 잘해."라고 말하며 주눅이 들었습니다. 그러나 그것도 잠깐이었습니다. 약 한 달 뒤 학교와 친구들에게 익숙해지자 모든 아이들이 영어를 잘하는 것은 아닐뿐더러 자기들이 영어를 제외한 다른 분야에서는 더 잘하는 것이 있다는 사실을 스스로 자각했기 때문입니다. 급기야 영어 단원 평가에서 크게 실력 차이가 나지 않자 땡글이는 "여기 아이들은 영어로 말하는 것만 잘해." 하고 당당하게 말하더군요. 사실 영어뿐만 아니라 다른 모든 과목의 학습 수준이 이전에 살던 지역에 비해 높은 편이긴 합니다만, 평소 바른 생활 습관과 공부 습관을 만들어 온 만큼 영어 하나로 학교생활 전반에 소심해질 이유가 없었습니다. 담임 선생님과의 상담 때도 학습 부분에서의 부족함은 전혀 걱정할 필요가 없으며, 오히려 다음 학기에 학급 임원에 도전해 보라는 격려를 받았습니다.

영어 회화를 제외한 초등학교 3학년의 영어 수업은 단기간에도 따라잡을 수 있을 만큼 쉬운 수준이므로 미리 걱정할 필요는 없습니다. 다만 친구들과의 비교에서 뒤처지기 싫어하는 성향의 아이라면 초등학교에 입학하기 전부터 하루에 2~3시간 이상씩 꾸준히 영어 듣기, 읽기, 쓰기에 노출시키는 등의 학습적 노력이 필요한데요. 이는 대단한 노력과 시간 투자가 필요한 일로, 적극적으로 영어 학원을 이용하는 것이 낫습니다.

08

초등 1학년 공부,
학원 vs, 엄마표

'9 to 6'가 아니라 '6 to 9'에 가까웠던 맞벌이 부부의 아이들이지만 학원을 하나라도 덜 다니면서 집에서 적은 학습 분량으로 공부 습관을 만들 수 있었던 것은 친정 부모님이 계신 덕분이었습니다. 하지만 친정 부모님이 안 계셨더라도 저는 쌍둥이 남매의 하교 후 시간을 학원으로 채우기 위해 골몰하기보다 먼저 공부 습관을 만드는 데 집중했을 겁니다. 실제로 친정 엄마를 대신할 돌봄 시터를 구했을 때도 엄마표 학습을 지속했죠.

엄마표 학습의 가장 어려운 점은 엄마가 선생님은 물론, 학습 가이드와 진로 컨설턴트의 역할까지 맡아야 한다는 것입니다. 요즘에는 학원에서 학습 지도뿐 아니라 다양한 진학 정보도 제공하기 때문에 중·고등학교 시기에는 학원을 적극 활용하는 것이 좋습니다. 다만 자기 주도 학습이 가능하지 않은 초등학교 시기에는 학원을 보내도 숙제나 진도는 여전히 집에서 챙겨야 합니다. 학원의 지도 방식이 부족하거나 나빠서가 아닙니다. 아직 무엇을 알고 모르는지, 모르는 것은 어떻게 채워 나갈 것인지를 구상하는 능력이 부족하고 공부에 대한 동기 부여가 충분히 갖춰지지 않은 아이들의 경우 스스로 공부하기 어렵고 학원에서 하는 공부만으로는 공부 습관이 만들어지기 어렵기 때문입니다.

쌍둥이 남매는 초등학교 입학 전부터 4학년이 된 지금까지 습관 교육을 이어 오고 있습니다. 국어, 수학 모두 학기별로 적어도 2~3권의 문제집을 풀었더니 일 년이 되자 10권이 넘었습니다. 학원의 힘을 과도하게 빌리지 않으며 학습을 충분히 이끌어 주었다 해도 무방한데요.

그렇다고 제가 학원 반대론자는 아닙니다. 학원 의존도가 높아지는 분위기 속에서 아이들이 감당할 수 없을 만큼 선행이 빠르거나 과도한 학습량을 제시하는 것을 반대하는 것이죠. 엄마표 학습을 한다고 해서 뭔가 대단하게 아이를 챙기고 있는 건 아닙니다. 아이들이 어리니까 한꺼번에 문제를 풀다가 지치지 않게 매일 조금씩 풀도록 스케줄 관리를 해주는 것이 전부입니다. 아이들이 공부하기 싫어하는 날에는 칭찬과 협박 등 노력이 필요하긴 합니다. 혼내고 협박한다고 제가 아이들을 사랑하지 않는 건 아니라는 사실을 아이들도 잘 알고 있기에 가능한 일이죠.

3~4학년이 되면서 교과 분량도 많아지고 어려워졌지만, 꾸준히 역량을 키워 온 덕분에 쌍둥이 남매는 아직 학습에 크게 거부감을 갖고 있지 않습니다. 문제집을 풀며 좌충우돌할 때도 있지만 학교 수업에 참여하고 시험을 치를 때마다 스스로를 제법 공부 좀 하는 아이라고 생각하고 있습니다.

엄마표 학습과 학원 중 무엇이 더 좋다고 단정하기는 어렵습니다. 다음과 같은 차이를 지닐 뿐이죠.

1. 학원은 학교보다 빠른 진도로 부모의 불안감을 자극한다

학원은 학교에 비해 진도를 빠르게 나가며 아이들의 성취도를 자주 개인화해서 부모에게 알려 줍니다. 진도를 소화해 내지 못한 경우 부모와 아이는 불안함을 느끼게 됩니다. 초등학교 1학년생이 2학년 수학 진도를 나간다면 왠지 1학년 수학은 성취한 것처럼 보이지만 실상 학교의 단원 평가나 수행 평가를 보면 모든 아이들이 만점을 받지는 않습니다. 선행 학습의 효과를 누리는 아이들은 상위 1~2퍼센트에 해당하는 아이들뿐입니다. 하지만 엄마표 학습은 순전히 내 아이의 학습 속도에 맞출 수 있습니다.

고학년은 제가 아직 경험해 보지 않았기 때문에 확신하기는 어렵지만 초등학교 저학년 때는 확실히 선행에 휘둘리지 않아도 좋습니다.

2. 학원은 학생들을 레벨화한다

대부분의 학원은 시험을 통해 아이들을 평가합니다. 특히 유명 학원의 경우 테스트를 통해 아이의 수준을 구분 짓고 반을 배정합니다. 만약 테스트 결과가 학원 기준에 못 미칠 경우 등록을 못하는 경우도 발생합니다. 이처럼 학원만의 평가 방식으로 아이의 레벨을 결정하고 부족한 점을 부각시키는 일명 '레베루의 함정'은 일종의 공포 마케팅이라고 할 수 있습니다.(『사교육의 함정』 이현택, 마음상자)

쌍둥이 남매보다 고학년을 키우는 지인들의 말에 의하면 선행 학습을 하지 않는 경우 또래 친구들과 같은 반에서 수업을 받을 수 없다고 합니다. 이는 고스란히 열등감으로 이어지기 때문에 그것을 피하기 위해 고액 과외를 따로 받아야 한다는 거죠. 유명 학원의 레벨을 유지하기 위해 학원 숙제를 도와주는 과외 선생님을 별도로 구하는 경우도 있다고 하니 어느 정도인지 짐작하시겠죠. 그러나 그건 학원의 레벨일 뿐 아이의 진짜 실력도, 아이의 성공을 결정하는 요인도 아닙니다.

3. 학원은 시험 문제를 풀기 위한 핀셋 지식을 전달한다

아무래도 학원은 성과 중심으로 운영되다 보니 재원생이 많이 다니는 학교 위주로 기출 문제를 관리합니다. 기출 문제만 풀어 주는 핀셋 강의는 스스로 공부하는 능력을 키우는 데 매우 좋지 않습니다. 공부한 것을 마무리하는 최종 단계나 정리하는 시점이 아니라면 초등학생 때부터 핀셋 강의로 성적을 올려 주는 학원은 피해야 합니다.

구멍 없이 학습을 다져 나가기 위해서는 아이가 무엇을 모르는지 파악한 후, 이를 충분히 연습시켜 줘야 합니다. 아이가 문제를 틀리는 이유는 다양합니다. 문제를 이해하지 못하거나, 이해는 했는데 풀지 못하거나, 푸는 도중에 실수를 하는 등 단계별로 이유와 해결법이 모두 다르죠. 문제를 이해하지 못한 경우에는 읽기나 해석 능력의 문제일 수 있습니다. 문장을 끊어 읽으며 이해하는 방법부터 배워야 합니다. 문제는 이해했는데 풀지 못하는 경우는 개념을 제대로 이해하지 못한 것입니다. 풀이에서 실수하는 경우는 무엇이 문제인지, 단순 실수인지 확인해야 합니다.

그런데 학원에서는 이런 단계를 생략하기 쉽습니다. 아이가 모르는 문제가 무엇인지 세밀하게 관찰하기도 어렵고, 다수의 학생들이 어려워하는 문제는 선생님이 대신 풀어 주죠. 그러면 학생들은 문제 푸는 과정을 봤으니까 안다고 착각합니다. 하지만 다음에 비슷한 문제를 만나면 당황하며 풀지 못합니다.

4. 학원의 커리큘럼은 잘하는 아이들 중심으로 짜여진다

요즘 많이 언급되는 우스갯소리인데요. 학원을 보내는 것은 잘하는 아이들 한두 명의 들러리를 서면서 학원의 전기세를 대신 내주는 행위라는 얘기가 있습니다. 학교는 평균 수준의 아이들을 중심으로 수업이 진행되지만 학원은 보통 그 학원의 이름을 널리 알릴 수 있는 잘하는 아이를 중심으로 운영됩니다. 일대일 과외가 아닌 이상 내 아이를 중심으로 진도를 맞추는 학원은 찾기 어렵죠. 따라서 아이를 학원에 보낼 때는 아이의 상태에 대해 자주 확인하고 집에서 거들어야 할 부분이 무엇인지 부모가 적극적으로 관심을 기울여야 합니다.

5. 학원 스케줄에 아이를 맞춰야 한다

학원을 다니게 되면 기관 혹은 선생님의 일정에 따라 내 아이의 시간을 조절해야 합니다. 게다가 집에서 학원까지 오가느라 시간이 낭비되기 쉽습니다. 특히 맞벌이 가정의 아이들은 학교 돌봄 교실, 방과 후 수업, 학원 등으로 하교 후 빈 시간을 채울 텐데요. 하루에 여러 곳의 학원을 셔틀까지 이용해 다닌다면 저녁 때는 그야말로 시간 부족에 시달릴 것이 뻔합니다.

학원을 무조건 다니지 말자거나 사교육은 무조건 나쁘다거나 선행은 백해무익하다는 것이 아닙니다. 내 아이의 수준, 부모의 교육관, 주변 환경 등 다양한 조건과 목적에 따라 학원을 적절히 활용해야지 학원에 끌려 다녀서는 안 된다는 말입니다.

그렇다고 해서 엄마표 학습이 무적인 것도 아닙니다. 남과 비교하거나 엄마의 욕심으로 과도한 목표를 설정해 두고 아이를 몰아붙이는 경우 학습 효과는커녕 아이와의 사이만 나빠질 수 있습니다. 특히 문제 풀이식 학습을 강요할 경우 엄마표 학습은 장점을 누리지 못합니다. 진도를 나가는 것에 치중할 것이 아니라 배운 내용의 복습과 앞으로 배울 내용에 대한 예비 학습의 시간으로 삼아야 효과를 볼 수 있습니다.

엄마표 학습의 결과를 좌우하는 것

보통의 부모라면 아이를 초등학교에 보낸 뒤부터는 '공부'라는 단어에서 자유로워지기 어렵습니다. 공부를 잘하는 것이 행복을 결정짓는 단 하나의 요소는 아니지만 공부를 잘하면 더 많은 기회를 얻을 수 있다는 걸 누구나 알고 있기 때문입니다. 아직까지 우리 사회는 학벌이 좋을수록 더 많은 선택의 기회가 주어집니다.

7세부터 습관 교육을 통해 매일 적은 양이라도 공부하게 한 덕분에 쌍둥이 남매는 공부를 시작하는 데 필요한 에너지가 적습니다. 자기 관리 능력이 생긴 거죠.

그런데 이렇게 되기까지 아이들과 아무런 트러블도 없었을까요? 회사일이 바빠 제대로 챙기지 못해도 스스로 공부할 만큼 아이들이 뛰어났을까요? 또 제가 아등바등하는 동안 남편이나 친정 부모님은 그냥 지켜보기만 했을까요?

일반적인 대한민국의 기업에서 근무하는 워킹맘은 시간을 자유롭게 사용하기 어렵습니다. 이른 출근과 늦은 퇴근, 빈번한 야근으로 인해 주중에는 아이들과 함께할 시간을 확보하기 힘들죠. 사실 주말에 출근하는 일도 빈번합니다. 저 역시 '월화수목금금금'과 같은 시간을 보내곤 했습니다. 치열한 경쟁 속에서 나 하나 챙기기도 바쁜데 아이들의 학습까지 봐주려니 하루하루가 매우 어려운 미션처럼 느껴진 적도 있습니다. 게다가 치열한 경쟁 사회 속에서 수년간 생활한 까닭에 아이들의 학습도 회사일처럼 과정보다는 결과에, 계획보다는 실적에 집중했습니다. 그래서 습관 교육 초반에는 아이들과 부딪히는 날이 많았습니다.

아이의 학습을 엄마표로 접근할 때 가장 중요한 요소는 '꾸준함'입니다. 그런데 그것보다 더 중요한 것은 아이와 '좋은 관계'를 유지하는 일입니다. 서로 관계가 좋아야 꾸준함도 이어갈 수 있기 때문이죠.

아빠의 역할도 중요합니다. 저희 부부는 여러 차례 아이들의 학습과 성향에 대해 대화를 나누고 다양한 육아서를 함께 읽었습니다. 그러면서 우리 가족에게 맞는 패턴을 찾기 위해 노력했습니다. 또 투자 면에서나 회사와의 거리 면에서 모두 회의적이었지만, 아이들에게 가장 안정적인 환경을 제공하기 위해 친정 부모님 근처로 이사를 결정한 것부터 이른 복직, 유치원 선택, 학습지 관리까지 남편은 다양한 측면에서 저의 선택을 지지해 주었습니다. 특히 약간이라도 규칙에서 벗어나면 만들어 놓은 습관이 허물어질까 봐 불안해하는 저와 공부보다는 놀고 싶어 하는 아이들 사이에서 양쪽 모두를 달래느라 많은 애를 썼습니다.

그뿐인가요. 친정 부모님은 아이들의 돌봄 교실과 방과 후 수업, 학원 스케줄이 변경될 때마다 거기에 일상을 맞추고 기꺼이 당신들의 생활 패턴을 희생해 주셨습니다. 조금 익숙해질 만하면 방학과 개학으로 매번 새로운 스케줄을 짰는데 그때마다 부모님은 거기에 맞춰 주셨죠. 아이 둘을 위해 어른 넷이 매달린 형국입니다.

친정 부모님뿐만 아니라 돌봄 시터의 도움도 많이 받았습니다. 여동생의 출산으로 친정 엄마가 미국에 가셔야 했던 3개월, 친정 엄마가 편찮으셨던 9개월의 기간 동안 한시적으로 돌봄 시터 분들께 아이들을 맡겼는데요. 나중에 알고 보니 저희 집을 거친 두 분의 돌봄 시터는 각각 보육 교사 자격증과 사회 복지사 자격증을 가지고 있던 분들이었습니다. 그분들이 아이들의 정서를 중심으로 안정적인 환경을 만들어 주신 덕분에 쌍둥이 남매는 서로에게 가지고 있던 경쟁의식과 학습에 대한 욕심이 많이 개선되었습니다.

이 모든 요소들이 알맞게 어우러진 덕분에 "엄마가 아이를 가르치면 아이와 사이가 나빠진다."라는 속설과 다르게, 쌍둥이 남매와의 관계를 망가뜨리지 않을 수 있었습니다. 아이들은 공부 먼저 하라는 엄마의 잔소리가 싫기는 하지만 학교에 다니고 공부하는 일을 당연히 해야 하는 일로 생각합니다. 그리고 이제는 할 일이 끝나면 자유롭게 놀 수 있다는 사실을 이용할 줄도 알게 되었죠. 읽고 싶은 책이 있는 날이나 친구를 집으로 초대해서 놀고 싶은 날은 전날 미리 공부를 끝내고 엄마 아빠에게 자유 시간을 요구하기도 합니다. 아직 사춘기 이전의 아이들인 덕분에 가능한 일이겠지만요. 학년이 올라가고 학습의 난이도가 높아지면 언젠가는 부모가 챙겨 줄 수 있는 테두리를 벗어나겠죠? 저는 그때까지 엄마표로 일관된 학습 분위기를 유지할 생각입니다.

5장

돌봄 공백 관리, 입학 준비,
선생님·엄마 관계 :

아는 만큼 든든하다!

초등 입학 전후로
챙겨야 할 준비물

학습 준비물은 학교마다 또 학급마다 서로 다른 경우가 많습니다. 상세한 준비 목록은 예비 소집일이나 입학식 날에 안내장으로 안내하거나 담임 선생님이 가정통신문으로 개별적으로 알려 줍니다. 1학년 때뿐만 아니라 저학년 때는 매년 비슷한 물품을 준비하라는 가정통신문을 받았는데요. 입학 전에 미리 챙겨 두면 좋은 것과 입학 후에 천천히 챙겨도 좋은 것들을 살펴보겠습니다.

학용품

입학하기 전에 부모가 챙길 준비물은 학교에 메고 갈 책가방과 네임스티커 정도입니다. 학교에서 실내화를 신는다면 실내화 주머니와 실내화까지 준비하면 됩니다. 책가방의 소재는 딱딱하고 무거운 것보다 부드럽고 가벼운 것이 좋습니다. 교실에 교과서를 두고 다니긴 하지만 공책, 알림장, 필통, 개인 소지품 등으로 아이들이 메고 다니는 가방이 생각보다 무겁더군요. 가방 자체의 무게가 가벼운 것으로 선택하는 것이 좋습니다. 또 아이들은 가방을 여기저기에 던져두는 경우가 많기 때문에 빨리 더러워집니다. 금요일 오후에 세탁하여 월요일 아침에 사용할 수 있는 천 재질로 선택하면 관리하기가 편리합니다. 네임스티커는 아이의 모든 물품에 이름을 표기할 때 필요합니다. 학년과 반 없이 이름만 넣은 스티커를 만들어 두면 초등학교 6년 내내 사용할 수 있습니다.

다음의 표는 학교에서 나눠 준 준비물 목록 예시입니다. 대개의 준비물들은 하루 안에 모두 구입할 수 있는 것들입니다. 학습에 필요한 준비물은 대부분 학교(정부)에서 지원하기 때문에 준비물 항목은 학교마다 크게 다르지 않습니다. '떨어져도 소리 나지 않는 천으로 된 필통', '크레파스 하나하나에 모두 이름을 써주세요' 등 준비물에 대한 구체적인 설명을 확인하고 안내장에 따라 준비하면 됩니다. 색연필이나 사인펜의 색깔 수도 학교의 가이드라인에 맞춰서 준비해야

- 필기도구 : 천으로 된 필통, 연필, 굴러다니지 않는 지우개, 색연필, 사인펜, 크레파스, 알림장, 일기장, 8~10칸의 공책 등

- 공구 : 가위, 딱풀, 투명테이프 등

- 기타 도구 : 가정통신문을 넣을 클리어 파일(우체통), 학교에서 활동한 자료를 보관할 A4 파일첩 및 기타 자료를 넣어 둘 파일꽂이, 가림판 등

- 생활용품 : 두루마리 휴지, 물티슈, 책상 및 자리 주변을 청소할 미니 빗자루 세트, 물품을 담을 바구니, 물병, 우산 등

- 금지 물품 : 휴대폰, MP3, 게임기 등 고가의 전자기기
  (부득이하게 휴대폰을 소지해야 할 경우 수업 중에는 전원을 끄도록 안내합니다.)

하기 때문에 대부분의 준비물은 미리 구입해 둘 필요가 없습니다.

설사 준비해야 할 물품 수가 많더라도 우리에겐 학교 앞 문방구가 있으니까 걱정하지 않아도 됩니다. 안내장 문구만으로는 정확한 의미를 알 수 없는 물품도 학교에서 가장 가까운 문방구에 가면 대부분 구입할 수 있습니다. 학교 앞에서 다년간 영업한 경험으로 학교가 원하는 학년별 준비물을 인터넷 맘 카페보다 정확하게 알고 있거든요. 가까운 거리에 문방구가 없더라도 걱정할 필요가 없습니다. 우리나라는 배송 속도가 워낙 빨라서 2~3일이면 인터넷 쇼핑몰을 통해 필요한 물품을 모두 구입할 수 있잖아요? 만약 다소 준비하는 데 시간이 걸린다고 해도 내일 당장 수업 시간에 모든 물품을 사용할 것이 아니므로, 가능한 물품만 먼저 챙기고 나머지는 나중에 가져가도 괜찮습니다. 단 아이에게 상황에 대해 이야기하고 알림장에도 며칠까

지 준비하겠다고 남기는 것이 좋습니다.

가져갈 물건들을 준비했다면 모두 이름을 표시해야 합니다. 많은 아이가 브랜드까지 똑같은 물품을 가지고 오기 때문인데요. 학교 안내장에 지시된 대로 색연필 하나하나, 사인펜의 경우 펜과 뚜껑에 모두 네임스티커를 붙입니다. 저는 입학식을 마치고 돌아온 날 아이들이 사용할 물품에 이름을 붙이느라 정신없는 하루를 보냈습니다. 배정된 교실뿐만 아니라 돌봄 교실에 두고 사용할 학용품까지 쌍둥이 남매가 사용할 100여 개의 용품에 네임스티커를 붙이는 작업을 해야 했거든요.

마침 쌍둥이 남매가 입학한 학교는 공립 학교인데도 입학식 때 1학년 모두에게 리듬 악기 세트, 색연필, 스프링 노트 등 몇 가지 학용품을 선물로 주었습니다. 이런 이유로 더더욱 다양한 학용품을 미리 구입해 둘 필요는 없습니다.

예방 접종 증명서와 건강 검진 결과표

입학하면 아이가 태어나서부터 지금까지 필수 예방 접종을 모두 마쳤는지 증명하는 서류를 제출해야 합니다. 가까운 주민센터에 방문해서 발급받을 수도 있지만 인터넷 '민원 24'나 '질병관리본부' 사이트에서도 '예방 접종 증명서'를 출력할 수 있습니다. 출생 수첩과 비교해 누락된 접종 내역이 있는지 확인하고 누락된 내역이 있다면 해당 병·의원에 요청해 내용을 보완하면 됩니다. 초등학교에서는 4월 이후에 건강 검진을 실시합니다. 1, 4학년의 경우 지역의 군·구청 지정 병·의원에서 종합 검사 및 상담을 한 뒤 검사 확인서를 학교에 제출하면 되고, 나머지 학년은 학교 내에서 이보다 조금 더 간단하게 건강 검진을 실시합니다. 학교에 따라 이는 조금씩 다르며 교내에 병원 검사 차량이 오거나 직접 병원에 방문하기도 합니다.

키즈폰 사야 할까? 말아야 할까?

부득이하게 대리 양육자를 통한 돌봄 시스템 없이 하교 후 아이 혼자서 방과 후 수업을 듣거나 학원 등으로 이동해야 하는 경우 일하는 엄마는 아이의 안전이 무척 걱정됩니다. 또 학교에 등교하는 시각보다 부모의 출근이 빨라 아이 혼자 등교를 해야 할 때도 마찬가지인데요.

요즘에는 통신사와 제휴해서 아이가 지정 단말기를 착용하면 학교 교문에 설치한 센서를 통과할 때마다 부모의 스마트폰으로 알려주는 등·하교 안심 알리미 서비스(학교마다 명칭은 다를 수 있습니다.)를 지원하기도 합니다. 개별적으로 통신요금제를 선택하고 기기를 구입하는 것보다 저렴한 비용으로 사용할 수 있으므로 학교에 입학해서 가정통신문을 통해 서비스의 내용을 확인한 뒤 기기 구입을 고민해 보면 좋을 듯합니다. 폰 역할을 하지 않는 카드형 열쇠고리 형태도 있습니다.

　다만 키즈폰의 경우 스피커폰으로만 통화가 가능해서 부모와 통화할 때마다 다른 사람에게 대화 내용이 노출되고 간단한 문자만 주고받을 수 있는 불편함으로 아이들이 2~3학년만 되어도 사용을 거부하는 경우를 볼 수 있었는데요. 그래서 제 주위에서는 처음부터 통화와 문자가 가능한 스마트폰을 구입하고 아이의 안전을 확인하는 워킹맘들이 많았답니다. 그런데 아이들이 스마트폰을 분실하거나 고장 내는 일이 발생하고, 기기의 사양이 조금 높은 경우 스마트폰으로 게임을 하면서 부모와 갈등을 겪는 일도 있었습니다.

　저희 집의 경우 친정 부모님이라는 대리 양육자가 학교와 학원의 이동을 전적으로 도와주셨기 때문에 안전을 이유로 아이들에게 키즈폰이나 스마트폰을 사줄 필요가 없었는데요. 컴퓨터, 스마트폰 등이 일상에 편리함을 주는 도구임은 분명하나 학교 현장에서 디지털 미디어를 바라보는 시선은 매우 부정적입니다. 모둠 수업이나 발표 수업 준비, 인터넷 강의 등의 이유로 미디어 사용이 필수이지만, 게임 중독이나 유해한 정보 노출 등의 문제가 심각하기 때문입니다. 그래서 저는 안전 문제가 아니라면 아이들이 스마트폰을 비롯해 디지털 기기를 사용하는 시기는 적어도 스스로 해야 할 일을, 특히 공부를 먼저 챙기는 습관이 만들어질 때까지 미루는 것이 좋다고 생각합니다.

부모의 참여가 필요한
학사 일정 체크하기

학교는 매년 비슷한 스케줄이 반복됩니다. 매월 어떤 행사가 치러지는지, 그중 아이에게 가장 의미 있는 활동은 무엇인지 파악해 놓는다면 워킹맘이 회사에 연차를 낼 때 우선순위를 정하는 데 많은 도움이 됩니다. 학교에서 받은 1년 학사 일정표를 보면 눈에 띄는 몇 가지가 있습니다. 입학식, 학부모 상담, 공개 수업, 체험 학습, 운동회, 각종 발표회 등이 그것입니다. 이 중 몇 개의 행사에 참여하는 것이 좋을까요? 그리고 어떤 행사에 참여하는 것이 좋을까요? 워킹맘은 조금 더 고민이 많을 수밖에 없기에 학교 행사를 어디까지 참여하면 좋을지 그 우선순위와 함께 참여 요령에 대해 정리해 봤습니다.

- **입학식(3월)**

당연한 이야기지만, 반드시 참석해야 합니다. 반을 확인하고 유치원에서 함께 진학한 친구들이 누구인지 살피며 담임 선생님을 만날 수 있습니다.

입학 행사는 간단하지만 워킹맘은 그날 해야 할 일이 많습니다. 우선 집과 학교까지의 거리를 확인하고, 어떤 경로로 등·하교를 하는 것이 가장 안전하고 쾌적한지 알아봅니다. 오가는 도중에 아이가 관심을 가지고 들를 만한 문방구, 편의점, 가게 등의 위치도 파악해 둡니다. 또 학교 안에서의 시설 및 교실 간의 동선도 확인합니다. 보건실을 비롯해 학교 도서관과 방과 후 수업이 이뤄지는 각종 실습실의 위치를 확인합니다. 돌봄 서비스를 이용하는 경우라면 돌봄 교실까지 아이와 함께 이동해 보는 것이 좋습니다. 이런 일들은 미리 에너지를 소비할 필요 없이 입학식 날 하루만 투자해도 충분합니다.

입학식 후에는 학교에서 배부하는 안내문을 보고 학용품 등의 준비물을 챙기면 좋습니다. 아이와 함께 문방구에 들러 필요한 학용품을 직접 구입하는 모습을 보여 주는 것도 좋지요.

- **공개 수업(3월)**

공개 수업 날 부모님이 오는지 안 오는지는 아이에게 무척 중요한 일입니다. 아이들은 수업 시간 내내 우리 부모님이 왔는지 확인하며 수시로 뒤를 돌아보죠. 수업을 참관할 기회가 드문 부모들을 위해 이날은 특별히 모든 아이가 발표할 수 있도록 기회를 주는 선생님이 많습니다. 발표 직후 다른 부모들 사이에서 우리 엄마 아빠의 얼굴이 안 보인다면 아이는 대단히 서운하겠죠?

공개 수업에 참관하면 집에서와는 다른 아이의 학교생활을 엿볼 수 있습니다. 친구나 선생님에게 어떠한 행동을 하고 어떤 표정을 짓는지, 수업을 듣는 태도는 어떠한지 등을 관찰할 수 있습니다. 내 아이의 짝꿍이나 주변 친구, 발표하는 친구들 중에 눈에 띄는 친구의 이름을 기억했다가 아이와 대화를 나누면 학교생활을 파악하기에도 좋습니다. 또 담임 선생님이 아이들을 대하는 태도나 말투를 통해 선생님과 아이가 어떤 부분에서 잘 맞고 어떤 부분에서 어려움을 겪을지 예상할 수도 있습니다.

• 학부모 총회(3월)

학부모 총회는 학교의 교육 방침을 안내받고 담임 선생님과 공식적으로 인사하는 시간을 갖는 날입니다. 이날은 선생님께 인사도 하지만 반 대표, 도서 봉사, 녹색 어머니회 등 1년 동안 반과 아이들을 위해 봉사할 어머니들도 뽑습니다. 다른 부모들과 교류하며 학교 전반에 대해 자세히 알 수 있는 기회가 되므로 시간이 허락된다면 참여해 보는 것도 좋습니다. 반 대표는 학급에서 반장이나 회장 등 어린이 임원을 선출하는 경우 임원이 된 아이의 엄마가 맡는 경우도 더러 있습니다. 하지만 쌍둥이 남매의 학교는 3학년부터 학급 임원을 선출하고 있어 1~2학년 때는 엄마들이 자발적으로 손을 들어 반 대표를 선발했습니다. 반 대표가 정해지면 엄마들끼리 연락처를 주고받습니다. 이를 바탕으로 며칠 이내에 반 모임 및 학급 행사를 논의하기 위한 단체 카톡방(또는 밴드 등)이 생깁니다. 공개 수업이나 학부모 총회는 엄마들의 연락처를 교환하기에도 좋은 날이죠.

학교에 따라 공개 수업과 학부모 총회를 같은 날 하기도 하고, 그렇지 않기도 합니다. 공개 수업과 학부모 총회가 다른 날이라 둘 중 하나만 선택해야 하는 워킹맘이라면 공개 수업에 우선 참석하기를 권합니다.

• 학부모 상담(3~4월 중)

내 아이에 대해 선생님과 개별적으로 이야기할 수 있는 자리입니다. 전화, 방문, 교육행정정보시스템인 나이스NEIS 온라인 게시판 등 상담 방법을 선택할 수 있으며 보통 1학기와 2학기에 한 번씩 시행합니다. 도저히 시간을 낼 수 없는 상황이라도 걱정할 필요는 없습니다. 전화로도 충분히 가능하거든요. 상담에 대한 자세한 이야기는 이후에 따로 지면을 할애해서 상세하게 정리했습니다.

• 현장 체험 학습(4월, 10월)

제가 초등학교를 다니던 시절 소풍이라고 부르던 행사를 요즘에는 현장 체험 학습이라고 부르더라고요. 부모 동반 없이 보통은 학년마다 서로 다른 소풍지로 버스를 타고 이동합니다. 점심밥은 그곳에서 업체를 통해 주문한 단체 도시락을 먹거나 현장의 식당을 이용하기도 하지만 경우에 따라서는 도시락을 싸줘야 할 때도 있습니다. 교통비와 도시락 비용은 스쿨 뱅킹 또는 스쿨 카드^{선생님에게 직접 비용을 내는 것}로 처리합니다. 요즘은
^{이 아니라 미리 정해 둔 계좌나 카드에서 직접 결제되도록 하는 금융서비스}
환경 보호 교육을 중요하게 여겨서 간식의 경우 현장에 쓰레기를 남기지 않기 위해 비닐을 제거하고 통에 준비해 오라고 하는 경우가 많기 때문에 간식용 도시락이 따로 필요하기도 합니다.

현장 체험 학습은 차를 타고 이동하는데, 아이가 멀미를 한다면 따로 멀미약과 비닐봉지를 준비합니다. 야외 활동이 있는 경우 벌레 기피제와 선크림, 모자를 준비하면 좋습니다. 학년 또는 반별로 단체 행사용 티셔츠나 조끼를 입는 경우도 있으므로 현장 체험 학습 당일에 착용할 수 있게 미리 준비해 둬야 합니다.

드물게 우천 시에는 교내에서 도시락을 먹으며 정상 수업 또는 자율 학습을 하기도 하는데요. 현장 체험 학습은 가장 날씨가 좋은 시기에 가기도 하고, 아이들은 어른들의 생각보다 몸을 많이 움직이기 때문에 복장은 가볍게 챙겨 주는 것이 좋습니다.

· **운동회**(연간 1회, 격년)

운동회는 발표회와 함께 부모가 참관할 수 있는 대표적인 학교 행사입니다. 학교마다 운동회, 발표회 등의 행사 운영 규칙은 상이한데

요. 저희 아이들이 다닌 서로 다른 두 군데의 초등학교에서는 격년으로 발표회와 운동회를 진행했습니다. 발표회를 하는 해에는 학부모 참석 없이 아이들끼리 작은 운동회를 하고, 발표회를 안 하는 해에는 학부모가 참여하는 대운동회를 합니다. 1학년 때 저는 휴가를 내고 작은 운동회를 구경했는데 몇몇 엄마들이 운동장 한 편에서 아이들을 지켜보더군요. 쌍둥이 남매는 평소에는 학교에 못 오는 엄마가 자신을 응원하는 모습에 매우 신나 했습니다. 저 역시 '아이들이 학교에서 이렇게 밝은 표정이구나.'라는 생각에 안심되고 마음이 푸근해졌습니다. 2학년 때는 부부가 함께 휴가를 내어 운동회에 참여했습니다. 운동회에서 부모가 특별히 해야 할 일은 없지만 평소 아이가 생활하는 모습을 보기 힘든 워킹맘에게는 아이가 친구들과 운동장에서 어울리는 모습을 볼 수 있는 좋은 기회가 됩니다.

- **발표회**(11월~12월 중, 행사별로 시기 다양함)

발표회의 종류는 상당히 다양합니다. 전 학년이 참여하는 발표회를 비롯해 방과 후 공개 수업, 도서관 축제, 돌봄 교실 행사, 반별 행사 등이 있지요. 전 학년이 참여하는 발표회는 연말 즈음 격년으로 한 번 정도 하므로 꼭 참석해야 하겠지만, 학기 중의 소소한 행사까지 모두 참여하기는 어렵습니다. 이런 경우에는 행사를 선별해 남편(또는 조부모님)과 나누어 참석하면 됩니다. 3학년이 되자 쌍둥이 남매는 "엄마나 할아버지가 학교에 바래다주는 애들은 우리밖에 없어요."라고 말하며 자기들끼리 등교하겠다고 선언했는데요. 빠른 아이들은 2학년만 되어도 엄마가 학교에 오는 것을 부끄러워하거나 혼자서 등·하교 하려고 하기 때문에 이런 기회가 아니라면 평소에 학교에 가볼 일이 거의 없습니다. 아이들의 발표회도 볼 겸 저학년 때는 부지런히 학교에 가볼 필요가 있습니다.

- 방학식(7월, 12월)

방학식과 개학식이 있는 날은 평소와 다름없이 수업하므로 일부러 휴가를 낼 필요가 없습니다. 사실 방학을 해도 방과 후 수업과 돌봄 교실은 계속 운영되기 때문에 일부 아이들은 계속 학교에 나가게됩니다. 하지만 아이들에게 방학식은 뭔가 해방감을 느끼는 날로, 친구들과 놀며 간식도 사먹고 싶어 합니다. 그래서인지 방학식 날 친구들과 키즈 카페에서 놀기로 엄마들끼리 약속하는 반도 있죠. 저도 1학년 여름 방학식 날에는 휴가를 내고 키즈 카페에 다녀왔는데요. 평소 키즈 카페에 거의 안 가는 쌍둥이 남매는 친구들과 놀며 무척 즐거워했습니다.

공식 행사 이외 부모가 챙겨야 하는 일

이 밖에도 부모가 참여해야 하는 일들이 상당히 많은데요. 반 대표, 도서 봉사, 녹색 어머니회, 배식 도우미 및 급식 검수, 방학 끝날 무렵 교실 청소, 바자회, 학부모 연수(학교 폭력 예방 교육, 스마트폰 중독 방지 교육 등) 등이 있습니다.

반 대표는 선생님의 전달 사항이 있을 때 선생님과 부모들 사이에서 중개를 하거나 친구들의 단체 생일 파티, 반 모임 등을 주관하는 역할을 합니다. 도서 봉사는 학교 도서관에서 책을 정리하거나 아이들에게 책을 읽어 주는 일을 합니다. 녹색 어머니회는 아이들 등·하교 시 교통 지도를 담당하는데 학교 인근의 횡단 보도 수, 교통 상황, 학생 수에 따라 안전 지도 횟수가 달라집니다. 1년 동안 적으면 1회에서 많게는 3회까지 순서가 돌아오기도 합니다. 배식 도우미는 급식의 배식과 뒷정리를 돕는 역할을 합니다. 쌍둥이 남매의 학교에서는 2학년부터 아이들이 직접 배식 활동을 했기 때문에 1학년 때만 한 달에 한두 번 부모의 참여가 필요했습니다. 학교에 따라 배식해 주는 분이 따로 있어 부모 참여가 필요하지 않는 경우도 있습니다.

일부 봉사 활동은 자원한 학부모만 참여하기도 하고, 어떤 일은 전체 학부모가 참여합니다. 가령 교통 지도의 경우 쌍둥이 남매가 1~2학년 때는 몇 명의 어머니가 자원하는 방식으로 활동이 진행됐는데, 특정 어머니들만 1년에 6~7회씩 봉사해야 하는 상황이 되자, 3학년부터는 재학생의 모든 부모가 한 번 이상씩 참여하도록 봉사 활동의 규칙을 바꾸는 추세도 보였습니다.

이런 봉사 활동을 비롯해 외부 연사를 초청하는 학부모 연수 등도 있는데요. 1학년 아이를 둔 워킹맘은 이런 식으로 1년 내내 바쁘게 돌아가는 학사 일정에 부담을 느끼게 마련입니다. 참석하지 못할 경우 아이에게 불리하지는 않을까 걱정되기도 하고요. 학부모를 대상으로 하는 각종 교육은 불참해도 괜찮습니다. 학교에서도 워킹맘은 평일 행사 참여가 어렵다는 것을 잘 이해해 줍니다. 다만 모두가 함께 참여해야 하는 봉사 활동은 일정을 조정해서라도 참여하는 것이 좋습니다. 저도 처음에는 반차 등을 사용해 남편과 번갈아 가며 봉사 활동에 참여했는데요. 회사에 유연근무제가 도입된 뒤로는 아침 일찍 봉사 활동을 하고 늦게 출근하는 방식을 활용할 수 있었습니다. 근무 환경에 따라 유연하게 휴가를 사용할 수 없는 맞벌이 부부의 경우, 활동이 가능한 날로 다른 부모와 봉사 일정을 조정하거나 조부모나 이웃의 도움을 통해서라도 본인에게 부여된 봉사 활동을 하더라고요.

쌍둥이 남매를 초등학교에 입학시키면서 제가 주로 했던 고민은 선생님이나 친구들과의 관계보다 숙제와 준비물 챙기기, 학습 부진, 등·하교 방법, 하교 후의 활용 등이었습니다. 워킹맘의 입장에서 직접 아이를 챙기지 못하는 것이 고민의 중심이었죠. 하지만 막상 학교에 가보니 선생님과 어떻게 소통할지, 수업 시간과 쉬는 시간에는 어떻게 보낼지, 친구들과는 어떻게 지낼지에 대해서는 미처 고려하지 못했음을 깨달았습니다. 아이의 학교생활 모두를 알기는 힘들겠지만, 그나마 학교 행사에 참여하면서 놓친 부분에 대해 알 수 있어 참여하는 보람이 있었습니다. 또 그동안 일 때문에 아이에게 충분히 보여 주지 못한 엄마의 관심과 사랑을 보여 줄 좋은 기회이기도 했죠.

· 개인 체험 학습

가족 여행으로 장기간 결석해야 할 때는 학교나 담임 선생님이 지정해 주는 기간 이전에(보통 최소 일주일~열흘) 체험 학습 신청서를 제출해 결석 사유와 기간을 학교에 알리고, 여행 후에 계획대로 실행했는지 다시 한번 체험 학습 보고서를 제출하면 됩니다. 보통 양식은 학교 홈페이지를 통해 파일로 다운로드 받을 수 있고, 각 반의 담임

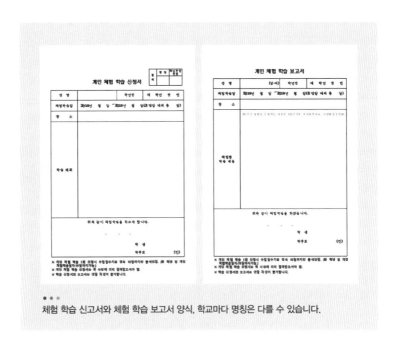

체험 학습 신고서와 체험 학습 보고서 양식, 학교마다 명칭은 다를 수 있습니다.

선생님께 제출합니다. 개인 체험 학습 신청서와 보고서를 제출하면 1년에 19일까지는 결석으로 처리되지 않습니다. 제출하지 않으면 무단 결석 처리됩니다.

• 교내외 대회

학교마다 학년별로 각종 교내 대회를 치릅니다. 과학 상상화 그리기 대회, 안전 의식 그리기 및 글짓기 대회 등 다양합니다. 1학년은 대상이 아니지만 학년이 올라갈수록 학교 밖에서 참여할 수 있는 각종 대회도 늘어납니다. 지역별 군·구청 수영 대회, 시도가 주관하는 영재교육활동, 기타 체육 대회 및 과학 실험 대회 등의 행사에 대하여 가정통신문으로 안내합니다. 사실 이런 행사는 평일 오후이거나 주말에 따로 시간을 내야 참여할 수 있는 경우가 많습니다. 아이에게 다양한 경험을 시켜 주고 싶다는 욕심은 났지만 생각에 그칠 뿐 학교 밖의 행사까지 챙기기에는 부담스러운 느낌도 있었는데요. 학교에서는 이런 행사들을 안내만 하기 때문에 개인이 직접 챙겨야 하며 신청하지 않더라도 학교생활에 전혀 영향을 미치지 않습니다.

• 생활 통지표

단원 평가를 본 시험지를 부모가 확인하도록 해서 자주 아이의 학업 성취도를 챙기는 선생님도 있고, 그렇지 않은 선생님도 있는데요. 학기를 마치고 방학식 날이 되면 선생님 의견이 적힌 생활 통지표를 받습니다. 생활 통지표는 생활 태도와 교과 학습에 대하여 '잘함 / 보통 / 노력요함' 3단계 또는 '매우잘함 / 잘함 / 보통 / 노력요함'의 4단계로 분류하여 평가합니다. 전학을 해보니 학교마다 발달 단계를 나누는 기준도 상이하고 전반적으로 좋게 표시하는 분위기인 학교도 있고, 그렇지 않은 학교도 있더군요. 단원 평가에서 매번 1등을 해도 모두 매우 잘함을 못 받기도 하고 100점이 아닌데도 모두 매우 잘함을 받기도 하는 것을 보면 평가는 담임 선생님의 재량인 것 같았습니다.

한 학기 동안 선생님이 관찰한 아이에 대한 평가도 같이 담겨 있으며, 2학기 생활 통지표에는 1학기 생활 통지표 내용에 약간의 부연설명이 더해집니다. 또 2학기 생활 통지표에는 학년이 올라가면서 배정되는 반이 표시됩니다.

• 가정통신문

일명 '가통'이라고 부르는 가정통신문은 알림장에 아이가 써오는 메모 외의 각종 학교 안내문을 말합니다. 월별 점심 급식 식단표, 학교 운영위원회 모집 안내, 학부모 수업, 스쿨버스 노선 확인, 안전을 위한 자가용 등교 금지 등 다양한 내용의 가정통신문이 배부되죠. 학기 초에는 워낙 가정통신문의 종류와 분량이 많기 때문에 알림장 공책에 가정통신문을 몇 장 교부했는지 숫자를 표시해 주는 선생님이 있을 정도였는데요. 요즘에는 종이 통신문을 사용하지 않고 e알리미 및 각 학교별 알림앱(아이엠스쿨, 클래스팅 등)을 통해 부모에게 직접 안내하는 추세입니다. 부모의 회신이 필요한 알림의 경우 선생님이 회신을 요청하는 날까지 기다리기보다 즉시 회신하는 것이 좋습니다. 많은 행정 처리로 어려움을 겪는 선생님께도 도움이 되고, 깜빡 잊고 회신 기한을 넘기는 실수도 줄일 수 있기 때문입니다.

가정통신문을 통해 안내하는 중요한 일정은 학교에서 나눠 주는 연간 학사 일정 달력에 표시해 두는 것이 좋습니다. 그렇게 하면 학교에서 교부하는 가정통신문을 일일이 앱에서 찾아보거나 출력해서 보관할 필요가 없습니다. 가정통신문은 학기가 지나면 필요 없는 내용도 있고, 중요한 사항은 매년, 매학기 동일한 내용을 반복해서 안내하기도 합니다.

워킹맘의 최대 고민, 하교 후 시간 관리법

아이의 초등학교 입학을 앞둔 워킹맘이 가장 걱정하는 것 중 하나는 아이의 하교 후 시간 관리일 텐데요. 유치원 종일반보다 일찍 끝나는 초등학교의 하교 시간은 입학이 한참 먼 워킹맘조차 미리 걱정하게 만들 정도입니다. 1~2학년의 경우 점심만 먹고 1시 이전에 하교하는 날이 일주일에 2~3일이나 되며, 5~6학년이 되어야 비로소 유치원의 종일반과 비슷한 3시 하교가 이루어집니다.

상황이 이렇다 보니 부모의 출퇴근 시간과 아이의 등·하교 시간 사이의 간격을 줄이는 일은 맞벌이 부부에게 '미션 임파서블'과도 같습니다. 아이의 안전을 챙기면서도 학습을 보충할 수 없을지, 대리 양육자가 없을 때는 어떻게 해야 할지, 학원 이동은 어떻게 해야 할지 생각만 해도 두려워집니다.

　사람의 팔자를 수저에 비유한 이야기가 한때 유행했습니다. 부모의 경제적 수준에 따라 금수저, 은수저 등으로 나누는 이야기였는데요. 워킹맘의 경우 아이를 낳고도 계속 일을 유지할 수 있는 조건에 대해 대리 양육자가 없어서 몸으로 때워야 하면 흙수저, 좋은 돌봄 시터를 만나면 은수저, 양가 부모님이 도와주시면 금수저라고 하더군요. 친정 부모님 덕분에 쌍둥이 남매를 키우며 계속 일할 수 있었던 저는 금수저에 속했죠.

　결혼 6년 차에 쌍둥이 남매를 낳을 무렵 저희 부부는 둘 다 아침 7시 이전에 출근했고 일찍 퇴근해도 9시를 넘기 일쑤였습니다. 어느 해에는 11~12시를 넘겨 퇴근한 날이 그렇지 않은 날보다 많기도 했습니다. 그렇다고 쌍둥이 남매를 돌볼 베이비 시터를 구하기에는 경제적으로 어려움이 있어서, 육아에 도움을 받고자 친정 부모님이 살고 있는 아파트 단지로 이사를 결정했죠. 아이들의 초등학교 입학을 앞두고 친정 엄마가 암 수술을 해 위기를 겪기도 했습니다. 하지만 친정 아빠가 일을 그만두고 쌍둥이 육아를 도와주셨고 그 대신 제가 친정 부모님 부양을 맡았습니다. 이것이 제가 육아에 있어 금수저가 된 배경입니다. 모든 가정이 저와 같은 해법으로 돌봄 시스템을 만들 수는 없을 것입니다. 워킹맘의 고용 상태, 근무 시간, 출퇴근 거리, 경제적 여유, 아이의 기질이나 건강 상태 등 다양한 조건에 따라 돌봄 시스템의 형태는 달라지겠죠.

배경이야 어쨌든 양가 부모님 혹은 가족 중 누군가가 지속적으로 육아에 도움을 줄 수 있다면 다행입니다. 그렇지 못한 경우 대리 양육자가 바뀔 때마다 혹은 기관이 바뀔 때마다 아이와 부모 모두 새로운 환경에 적응하느라 고생할 수밖에 없습니다. 저도 불가피한 상황으로 돌봄 시터의 도움을 받은 적이 있는데요. 아이들을 너무 예뻐하고 잘 돌봐 주는 좋은 분들을 만났음에도 갑자기 폐렴에 걸려 입원한 아들, 갑자기 휴강된 학원 수업, 돌봄 시터의 개인 일정, 저희 부부의 갑작스러운 야근 등 다양한 이유로 돌봄 시스템에 구멍이 났습니다. 그때마다 발을 동동 구르며 숨차게 회사와 집 사이를 뛰어다녔습니다.

이미 돌봄 시터의 도움을 받고 있는 워킹맘이라면 언제쯤 아이를 봐줄 사람을 찾아 전전긍긍하지 않아도 되는지 궁금하실 텐데요. 주변 지인들을 보니 중학생이 되어도 여전히 엄마의 관리가 필요하더군요. 예를 들어 갑작스럽게 학원 스케줄이 변경되거나 아이가 셔틀 차량을 놓칠 때면 엄마는 일하다 말고 길거리에 서 있는 아이를 챙기기 위해 학원 혹은 대리 양육자에게 전화를 돌리기 바쁩니다. 아이의 나이가 어릴수록 학원에서 학원으로의 연결이 제대로 안 되면 워킹맘은 속이 탑니다. 갑자기 빈 시간을 채워 줄 대안이 없기 때문이죠. 빈 집에 아이를 혼자 두어야 하는 상황을 막기 위해 워킹맘이 스케줄 관리에 느끼는 부담감은 거의 공포에 가깝습니다.

학교 정규 수업이 끝난 뒤 부모의 퇴근 시간까지 아이의 오후를 채워 줄 방법에는 여러 가지가 있습니다. 저는 그중에서 돌봄 교실과 방과 후 수업, 학원을 적당히 섞어 하교 후 시간과 방학 기간을 채웠습니다. 친정 부모님이라는 대리 양육자 시스템을 만들어 둔 덕분에 저는 부모의 퇴근 시간과 아이들의 하교 시간 사이를 안정적으로 관리하는 이점을 누렸습니다.

아이의 빈 시간을 관리하는 방법

아이의 하교 후 시간과 방학 시간을 채워 줄 다양한 방법들을 정리해 보았습니다. 각 가정의 상황에 가장 잘 맞는 방법은 무엇일지 찾아보세요.

· 빈 시간 관리법 1 : 돌봄 교실

돌봄 교실의 특징과 신청법	
내용	돌봄 교실은 학교 안 돌봄 교실과 지역 사회에서 운영하는 곳 2종류가 있습니다. 운영 방식은 시간대에 따라 아침 돌봄(7시~등교), 오후 돌봄(하교~5시), 저녁 돌봄(5시~10시)으로 나뉩니다. 학교 돌봄은 1~2학년만 참여 가능하고 지역 돌봄의 경우 초등 전 학년이 참여할 수 있습니다. 간단한 간식을 제공하며, 시간대별로 종이접기, 독서 지도, 수학 문제 풀이 등을 비롯해 피아노, 영어 등 외부 강사의 학습 프로그램을 진행하기도 합니다.
신청 방법	학기가 시작되기 전에 돌봄 교실 참가 신청을 받고 입학식 당일이나 그 전에 추첨을 합니다. 따라서 초등학교의 예비 소집일에 신청 여부를 미리 확인해 두는 것이 좋습니다. 학교에서 운영하는 돌봄 교실은 규모에 따라 1학년, 다둥이, 한부모,

신청 방법	저소득가구와 같은 우선순위를 정해 선발합니다. 지역에 따라 참여하는 아동 수의 부족으로 돌봄 서비스가 제공되지 않는 학교가 있기도 하고, 추첨에 참여해야 할 정도로 돌봄 수요가 넘치는 곳도 있습니다.
비용	학기 중에는 무상으로 운영됩니다. 방학 기간에는 별도의 간식비를 받는 곳도 있고, 기본 도시락만 제공하여 무상으로 운영되는 곳도 있습니다.

방과 후 수업과 학원을 이미 결정한 경우, 돌봄 교실에 머무는 시간이 짧기 때문에 서비스를 신청할까 말까 고민하는 워킹맘이 많습니다. 하지만 돌봄 교실은 연초에 한 번 신청해 연간 무료로 운영하는 서비스입니다. 전학이나 개인 사정으로 결원이 생기지 않는 한 방학 때만 따로 서비스를 이용할 수는 없기 때문에 무조건 신청하는 것이 좋습니다. 돌봄 교실은 하교 후는 물론, 방학 시간도 채워 줄 수 있어 가장 추천하는 대안입니다. 더욱이 2학년으로 올라가는 재학생 때문에 상시 운영하므로 입학식 첫날부터 맡길 수 있습니다.

돌봄 교실은 아이들이 자유 시간에 친구들과 어울려 놀면서 학교에 빨리 적응할 수 있도록 돕는다는 장점도 있지만 돌봄의 성격이 강해 개인별 학습에 대한 도움은 기대하기 어렵습니다. 게다가 학교 내에서는 자유롭게 이동이 가능하지만 일단 학교 밖으로 나가면 돌봄 교실로 되돌아오지 못합니다. 예를 들어 방과 후 수업을 듣고 난 후에는 돌봄 교실로 돌아올 수 있지만, 학원에 갔다가는 다시 돌아올 수 없습니다. 따라서 학습 욕구가 큰 경우 돌봄 교실의 학교 밖 외출 금지 규칙이 불편하게 여겨질 수도 있습니다. 정해진 시각이 아닌 임의 하교는 반드시 보호자가 돌봄 선생님에게 미리 연락하고 하교할 때마다 확인(사인)해야 합니다. 학교에 따라 학원 선생님의 사인을 암묵적으로 허용하는 경우도 있습니다.

• 빈 시간 관리법 2 : 방과 후 수업

방과 후 수업의 특징과 신청법	
내용	미술, 음악, 과학, 체육, 요리, 독서, 한자, 주산, 수학, 컴퓨터, 영어까지 학교 안에서 다양한 수업이 개설됩니다. 수업마다 지정된 교실이 있는데다 내용과 수준, 학년에 따라 수업을 나눠서 하기도 하기 때문에 아이들이 교실을 찾아가야 합니다. 주말에 수업이 개설되기도 합니다. 학기 중에는 정규 교과 이후 시간에 수업을 하고 방학 중에는 학교에 따라 오전으로 수업 시간을 이동시켜서 진행하기도 합니다. 방학 때는 영어, 수학, 과학, 컴퓨터 등 별도의 특강 수업을 개설하기도 합니다.
신청 방법	학기 시작을 전후하여 3개월 단위로 수업 신청을 받습니다. 온라인 시스템에서 신청을 하거나 오프라인으로 신청서를 내기도 합니다. 학교에 따라 선착순 혹은 추첨으로 참여자를 결정합니다. 선착순의 경우 인기 수업은 신청자가 많아 순식간에 접수가 마감됩니다.
비용	과목별로 재료비가 상이해서 평균을 내기는 어렵지만, 한 과목당 분기 수업료가 8~12만 원, 재료비는 0(없음)~10만 원 수준입니다. 방과 후 수업료는 분기별로 한꺼번에 내며, 중간에 그만둘 경우 기간별 환불 정책에 따릅니다.

방과 후 수업은 학교 밖으로 나가지 않고 학교 안에서 안전하고 저렴하게 다양한 종류의 수업을 들을 수 있다는 장점 때문에 워킹맘에게 적극 추천합니다. 하지만 시간이 겹쳐 하루에 두 개 이상의 수업

을 듣기 어려운 점, 수준별 반 개설이 어려운 경우 학년 간 격차를 고려하지 않고 묶음 수업으로 진행하는 점, 중간에 비는 시간이 생기면 아이 스스로 빈 시간을 관리해야 하는 점 등의 단점도 있죠. 학습 수준은 과목별, 선생님별, 학교별로 편차가 커서 학원보다 나은 곳도 있고, 그렇지 않은 곳도 있습니다.

방과 후 수업이 필수는 아니지만, 하교 후 친구들과 따로 놀 시간이 없는 아이들이 친한 친구와 어울릴 수 있도록 사전에 약속해 한두 개 정도 같은 수업을 듣는 것도 좋습니다. 쌍둥이 남매는 4년간 미술, 과학, 영어, 주산, 요리, 보드게임, 컴퓨터, 배드민턴, 악기, 줄넘기 등 다양한 수업을 골고루 신청해 들었습니다.

초등학교 1학년 아이를 방과 후 수업이나 학원에 보내는 것은 학습적인 목적보다 하교 후 빈 시간을 채우려는 목적이 좀 더 큽니다. 그래서 학원에 비해 상대적으로 비용이 저렴한 방과 후 수업을 선호하기도 하는데요. 과목을 선택할 때 엄마와 아이가 원하는 수업은 극명하게 나뉩니다. 저는 학습 효과가 있는 주산, 한자, 영어 등의 수업을 시키고 싶은 반면에 아이들은 그런 수업은 이름만 들어도 싫어했습니다. 주산처럼 숙제가 많은 수업은 정말 힘겨워했죠. 한 학기 동안 아이와 실랑이를 하다가 결국 아이가 재미있어해야 수업 효과도 좋은 것을 깨닫고 제 욕심은 내려놓기로 했습니다.

하교 이후의 시간을 아이들이 헷갈리지 않고 스스로 챙길 수 있도록 다음 자료처럼 일과 관리표를 만들었습니다. 매일 수업을 마치는

월	화	수	목	금	토
4교시 12:40	5교시 1:40	4교시 12:40	5교시 1:40	4교시 12:40	땡글이 축구 10:00~10:50
	수업 끝나면 돌봄 교실에 가방 내려놓고 방과 후 수업 참여				
방글이 리본공예 1:00~2:40 (실습실)		둘이 같이 주산 1:00~2:40 (방과 후 교실)		땡글이 영재로봇 (실과 실습실) 1:00~2:40	방글이 체육 09:40~11:20
	방과 후 수업 끝나면 돌봄 교실				
	미술학원 4:00~5:00		미술학원 4:00~5:00	수영 4:00~5:00	

• • •
아이들 일과 관리표 예시

시각과 어디로 이동해야 하는지 표시해 두었죠.

• 빈 시간 관리법 3 : 학원, 과외 학습

학원과 과외 시장은 너무 넓고 다양합니다. 쌍둥이 남매 역시 수영, 인라인 스케이트, 미술, 피아노, 플룻, 축구, 과학 실험 등 다양한 학원을 경험했는데요. 태권도처럼 4개월 정도로 짧게 다닌 학원도 있지만 수영같이 5년 이상 지속적으로 배운 것도 있습니다. 같은 사교육이지만 학원은 방과 후 수업과 달리 학교 밖으로 나가야 하는 점, 학원까지 셔틀 차량을 타고 이동해야 하는 점, 상대적으로 비용이 비싼 점, 선생님 숫자 대비 소수의 아이들이 케어받을 수 있는 점, 아이의 수준에 따른 개별 학습이 가능한 점, 다양한 종류의 학습과 체험이 가능한 점을 특징으로 꼽을 수 있습니다. 다만 워킹맘은 학원을 선택할 때 다음 사항들을 추가로 고려해야 합니다.

1. 이동 시간

학원을 선택하는 일반적인 기준은 학습 내용과 교사의 자질, 학습 비용일 것입니다. 하지만 워킹맘의 경우는 하교 후 아이의 빈 시간을 채울 수 있는지의 여부와 학원까지의 이동(대리 양육자의 도움 여부와 아이의 동선, 이동 시간 등)을 보다 고민해야 합니다. 학원이 너무 먼 경우 시간도 시간이지만 에너지가 낭비됩니다. 대리 양육자뿐만 아니라 아이 역시 피곤해져 공부도 힘들고 제대로 놀지도 못하게 되죠.

처음 회사와 집이 멀어졌을 때 저는 100미터 달리기를 하는 마음으로 퇴근했습니다. 집에 최대한 빨리 도착하는 것이 아이들을 위한 최선이라고 생각했기 때문입니다. 하지만 이제는 서두르느라 힘을 빼지 않습니다. 에너지를 절약하지 않으면 집에 일찍 돌아와도 30분이 안 돼 아이들에게 짜증을 내거나 감정이 폭발한다는 걸 깨달았기 때문입니다. 마찬가지로 아이도 하교 후 여러 곳의 학원으로 이동하다가 늦은 시간에 집에 오면 무엇을 배웠다는 느낌보다는 피곤함 마음이 더 클 것입니다. 워킹맘, 대리 양육자, 아이 모두 시간과 에너지를 함께 절약해야 감정 소모 없이 효율적으로 생활할 수 있습니다.

2. 보강 등 스케줄 변경

아이의 하교 시간에 맞춰 셔틀 차량이 마중 나오고 수업이 끝나면 다음 학원으로 데려다주는 시스템을 갖춘 곳이 많다 보니, 학원을 이용하는 워킹맘이 상당히 많습니다. 학원은 학습 위주로 운영되는 곳이라서 부모로서 아이 공부를 챙긴다는 위안도 얻을 수 있는데요. 하교 후 아이의 사이사이 빈 시간을 채워 줄 대리 양육자가 없는 경우에 학원은 어쩔 수 없는 선택지가 되기도 합니다.

문제는 아무리 잘 만든 스케줄도 예상 밖의 일이 생긴다는 점입니다. 주중에 낀 공휴일로 수업이 쉬거나 아이가 아프거나 학원 선생님의 개인 사정 등으로 수업을 못해 보충해야 할 때가 그런 경우입니다. 방과 후 수업은 학교의 공식 일정으로 빠진 경우, 학원은 수업 계약 규정에 따라 보강을 해주는데 선생님과 개별적으로 시간을 조정해 보강을 해야 합니다. 원래도 빡빡한 시간표 사이에 보강을 끼워 넣으려면 골치가 아프죠. 거의 모든 요일에 학원을 한 개 이상 다니고 있는 경우라면 보강으로 하루에 두 개 혹은 세 개 이상의 수업을 듣거나 주말에도 학원에 가야 하니 아이 역시 무척 힘들 수밖에 없습니다.

스케줄이 변경되면 워킹맘은 틀어진 스케줄과 이동 시간을 확인하며 회사에서 수시로 대리 양육자나 학원 선생님과 아이의 동선을 체크해야 합니다. 그런데도 소통이 어긋나 아이가 길에서 방황하는 경우가 빈번히 일어납니다. 이를 대비해 스케줄과 스케줄 사이에 여유를 두거나 일주일에 하루 이틀쯤은 수업 없이 비워 두면 좋습니다. 물론 기관을 이용하지 않아도 아이를 봐줄 대리 양육자가 있는 경우에나 가능한 이야기이겠지만요. 갑작스러운 스케줄 변경으로 대리 양육자도 아이를 챙길 수 없는 경우에는 학교 도서관에서 시간을 보낼 수 있도록 아이와 사전에 약속해 두는 것도 좋은 대비책입니다. 학원을 여러 개 다니는 경우 다른 요일에 가는 학원에 연락해서 일정을 변경하는 것도 방법이 될 수 있습니다.

저는 하교 후 빈 시간을 든든하게 채워 줄 돌봄 교실을 1순위로 신청했고, 학교 내에서 이동하면서 배울 수 있는 방과 후 수업을 중심으로 시간표를 짰습니다. 정규 수업이 끝나면 돌봄 교실에 가방을 놓고 바로 방과 후 수업을 하러 갈 수 있도록 시간표를 세웠는데요. 모든 요일을 빈 시간 없이 아이들이 원하는 수업으로 맞추기는 어려웠습니다. 또 방과 후 수업으로 배우기 어려운 악기, 수영 등의 활동은 스킬 향상을 위해 결국 학원을 이용할 수밖에 없었습니다.

그러나 시간표를 짜는 데 가장 중요한 것은 아이들에게 비어 있는 시간을 주는 것입니다. 방과 후 수업, 학원 그리고 엄마표 학습 등 개인 학습까지 마쳐도 자유롭게 독서하며 놀 시간이 확보되어야 하죠. 쉼 없이 일과 육아 사이를 오가다가 번아웃되는 워킹맘처럼 학원과 학습 사이에서 아이들도 때로는 힘겨워할 수 있다는 사실을 꼭 기억하길 바랍니다.

재량 휴일 등의 단기 방학을 보내는 방법

　요즘 초등학교는 개교기념일을 비롯해 샌드위치 데이^{연휴 사이에 긴 평일}
나 명절과 같은 휴일에 학교장 재량 휴일을 지정해 쉬는 경우가 많습
니다. 하교 후 빈 시간도 부담스러운데 갑작스러운 휴일은 더욱 당혹
스럽습니다. 저희 집은 유치원에 다닐 때부터 이런 휴일마다 부부가
번갈아 가면서 휴가를 냈습니다. 덕분에 온 가족이 함께 휴가를 보낸
기간이 거의 없는데요. 부모 중에 누구 하나라도 이렇게 휴가를 내어
아이들을 돌볼 수 있다면 다행입니다만 그렇지 못한 경우에는 대비
책이 필요합니다.

　아이들이 가장 좋아하는 것은 친구들과 어울리는 것이므로 학원
시간이 틀어졌을 때 친구의 엄마에게 부탁을 하거나, 재량 휴일 등에
아이들이 만나 놀 수 있도록 사전에 친구의 부모와 약속해 두는 것도
좋은 방법입니다. 그러나 스케줄이 변경될 때마다, 재량 휴일마다, 또
길고 긴 방학 기간 내내 이웃의 도움을 받기는 어렵습니다. 돌봄 교실
의 신청을 놓쳤거나 방과 후 수업이나 학원 등으로도 아이의 빈 시간
을 채우기 어렵다면 정부 사업인 아이 돌보미 서비스를 이용할 수도
있으며, 사설 업체의 유료 시터 서비스를 활용해 대리 양육자인 어른
과 함께 안정적인 시간을 보낼 수 있도록 대비하는 것이 좋습니다.

3월,
한 달만이라도 비워 두기가 필요하다

매해 새 학년을 맞이하는 많은 아이가 스트레스를 호소하고 있습니다. 초등학교 입학이라는 커다란 변화를 맞이한 1학년 아이는 말할 필요도 없지요. 이를 '새 학기 증후군$^{new semester blues}$'이라고 하는데요. 새로운 환경에 적응하지 못해 정신적·육체적으로 증상이 나타나는 것을 말합니다. 새 학기 증후군은 유치원이나 어린이집 등 새로운 기관에 입소하는 아이들도 흔히 겪는 증상입니다.

어느 날 동네 지인이 자기 아이는 입학 후 자꾸 배가 아프다고 한다며 저희 집 아이들은 괜찮냐고 물었습니다. 그제야 쌍둥이 남매의 상태를 관찰해 보니 약한 변비, 멀미, 늦잠 등의 변화가 관찰됐습니다. "학교 가기 싫다."라는 말을 하지 않으니, 몰랐더라면 평소와 다른 아이들의 증상을 단순한 계절적 요인이나 성장 단계의 일시적 불협화음 정도로 생각했을 것입니다. 학교에는 잘 적응하고 있다고 여기며 말이죠.

아이들이 새 학기 증후군이라고 생각지도 못했을 때는 아이들에게 벌써 사춘기냐며 구박하기도 했습니다. 매사에 빨리빨리를 외치는 저의 행동은 돌아보지도 않았죠. 아이들이 변화된 환경에 적응하느라 상당히 애쓰고 있음을 몰라주었던 것입니다.

새 학기 증후군은 대개 한 달쯤 지나면 사라집니다. 아이의 기질에 따라 겪지 않을 수도 있지만 심하게 겪을 수도 있습니다. 부모는 아이를 살피는 조력자로서 잘못을 지적하기보다 따뜻한 말과 포옹으로 자신감을 심어 주고 정서적인 안정감을 제공해야 합니다. 이를 위해 아이가 입학으로 인해 극도의 긴장감을 경험하는 3월만큼은 무리하게 학원 스케줄을 세우거나 학습에 부담을 주지 않는 것이 좋습니다.

워킹맘의 경우에는 입학식에 맞춰 며칠간 휴가를 얻어 아이의 학교 적응을 돕고 하교 후 스케줄을 세팅하느라 바쁘게 움직이는 경우가 많습니다. 바쁘게 움직이다 보면 아이의 변화를 눈치채기 어렵습니다. 아이의 변화를 알아채더라도 그 이유가 입학 탓인지 과도한 스케줄 탓인지 구분하기 어렵습니다. 게다가 하루라도 빨리 학교에 적응하는 모습을 보고 안심하고 싶은데 아이가 어려움을 겪으면 엄마까지 불안해집니다. 그러다 보니 자칫 아이를 다그치게 되는데요. 퇴근 후 혹은 주말처럼 시간적으로 여유로울 때 아이와 진솔하게 대화를 나눠 보세요. 학교에서 있었던 일들을 귀 기울여 들어 주고, 칭찬과 응원의 말을 건네며 따뜻하게 안아 주세요. 엄마가 새로운 환경에 적응할 때 겪었던 일화를 들려주는 것도 좋습니다. 다그칠수록 원하는 결과와 더 멀어집니다.

이때 주의할 것은 과하게 도와주어 늘 엄마를 의지하게 해서는 안 된다는 것입니다. 새로운 환경에 적응해야 하는 만큼 부모의 세심한 보살핌이 필요하지만 때로는 조금 무심하게 지켜보며 어려움 앞에서 스스로 해결 방안을 찾도록 기다려 줘야 합니다. 새 학기 증후군은 아이에게 좋은 긴장감과 자극이 될 수도 있습니다. 그러니 아이가 보이는 부정적인 증상에 너무 초조해하고 걱정하기보다 한 단계 성장해 나가는 과정으로 여기며 여유롭게 지켜봐 주세요.

- **새 학기 증후군 증상**
  - 두통이나 복통 호소
  - 잦은 짜증과 무기력증
  - 식사량 감소 또는 증가
  - 설사 등 배변 활동의 변화
  - 늦잠을 자거나 중간에 자주 깨는 등 수면 활동의 변화
  - 눈을 지나치게 많이 깜박이거나 입술을 씰룩거리는 등의 틱 현상
  - 평소보다 산만한 행동

위에 언급한 증상 외에도 평소와 다른 행동 패턴을 보인다면 아이가 학교에 적응하는 데 어려움을 겪고 있는 건 아닌지 살펴봐야 합니다. 그러나 심리적으로 문제가 없는 아이들도 입학으로 예민해지면 위와 같은 증상을 가볍게 보일 수도 있기 때문에 전문가들은 한 달 정도 지켜보며 아이의 상태 변화를 확인하라고 합니다. 3월 말경에 있는 학부모 상담 주간에 아이의 걱정되는 부분에 대해 담임 선생님과 상담하고 생활 습관을 점검해 개선하면 좋습니다.

아무것도 하지 않는 방학에도 아이들은 쑥쑥 자란다

초등학교 입학 이후 가장 마음이 힘들었던 시기는 쌍둥이 남매가 다니는 학교가 운동장 보수와 엘리베이터 공사로 방과 후 수업조차 휴강했던 2학년 여름방학 때였습니다. 아이들과 하루 종일 시간을 보내는 것은 엄마인 제게도 쉬운 일이 아닌데 연로하신 친정 부모님은 얼마나 버거우셨을까요. 인근 학원의 단기 방학 특강 전단지를 받았지만, 인터넷 접수가 어렵고 워킹맘이라 이른 아침부터 줄을 서서 접수를 할 수도 없었기에 하고 싶어도 할 수가 없었습니다. 마침 그 시기에 회사일이 무척 바빠서 일일이 학원 정보를 수집할 여유도 없었고요.

결국 그나마 방학 때도 운영하는 돌봄 교실과 학기 중에도 다니던 미술, 수영 학원 이외에는 아무런 대책 없이 방학을 맞이했습니다. 방과 후 수업이 없으니 아이들은 아침 내내 실컷 책을 읽다가 돌봄 교실에 느즈막이 가기도 하고, 미술이나 수영 학원이 없는 날은 돌봄 교실에서 조금 일찍 돌아와 놀이터에서 동네 유치원생들과 신나게 놀았습니다.

그러던 어느 날 퇴근길 엘리베이터에서 만난 한 이웃 주민이 동네 엄마들 사이에서 우리 집 남매가 인사성도 밝고 동생들과 잘 놀아 주는 착한 누나와 형으로 유명하다고 칭찬을 하시더군요. 빈 시간을 채우지 못해 같이 놀 친구도 없고 학습이나 체험 활동도 적어 걱정했던 저의 우려와 달리 아이들은 잘 지내고 있었던 것입니다. 한가하게 시간을 보내는 아이들을 보며 속 터지는 이는 오직 엄마인 저뿐이었습니다. 학원이나 학습으로 방학을 촘촘히 채우지 않아도 아이들은 꾸준히 성장하는 중임을 깨달았습니다. 계획 없이 보낸 그해 방학 덕분에 돌봄 교실처럼 아이들이 머물 곳이 있거나 아이들을 안전하게 봐 줄 대리 양육자가 있다면 이 학원 저 학원으로 아이의 빈 시간을 촘촘하게 채우지 않아도 된다는 걸 알게 되었죠.

선생님과 관계가
좋아지는 방법

유치원 선생님은 친근하게 느껴지지만 초등학교 선생님은 왠지 대하기가 조심스러운데요. 유치원 선생님에게는 아이에 대해 '활발하다, 창의적이다, 에너지가 넘친다' 등의 정서적인 평가를 많이 받지만, 학교 선생님에게는 '잘한다, 노력이 필요하다'처럼 능력에 대한 평가를 받게 된다는 것을 부모로서 신경 쓰게 되기 때문일 것입니다. 그래서 내 아이와 궁합이 잘 맞는 선생님과 한 반이 된다면 다행이지만 그렇지 않을 때는 어떻게 해야 할지, 아이가 학교생활에 어려움을 겪을 때 선생님에게 말을 해야 할지 말지 고민이 됩니다. 또 어떻게 해야 효율적으로 면담을 하고 내 아이에 대해서도 좋은 조언을 들을 수 있을지 궁금합니다.

이처럼 어렵고도 민감한 선생님과의 관계에 도움이 되는 몇 가지 팁을 정리했습니다.

복불복인 담임 선생님, 장점을 찾아내라

쌍둥이 남매의 초등학교 입학식 날 담임 선생님이 정해지자 기대 감과 불안감으로 학부모들 사이에서 웅성거리는 소리가 들렸습니다. 저 역시 아이들이 만날 첫 담임 선생님에 대해 무척 걱정이 많았습니다. 1학년 때 어떤 선생님을 만나느냐에 따라 아이의 초등학교생활이 결정될 것 같은 불안감이 있었거든요.

부모의 마음은 대부분 비슷할 것입니다. 내 아이를 예뻐해 주고 잘 맞춰 주는 선생님, 장점을 찾아 칭찬해 주고 단점을 보완해 주는 선생님을 바랍니다. 이러한 부모의 마음처럼 선생님도 한 해를 무탈하게 보낼 수 있는 학생과 부모를 원할 것입니다. 학교 수업에 성실하게 잘 따라 오고 바른 심성을 가진 학생, 도움이 필요한 학교 행사에 적극적으로 참여하는 부모를 말이죠.

1학년 때 땡글이의 담임 선생님은 바른 독서 습관과 식습관을 대단히 강조하시는 나이가 지긋한 분이었습니다. 덕분에 제가 따로 잔소리하지 않아도 학교 도서관에서 책을 빌려 오고 매주 꼬박꼬박 독서록을 채워 나갔습니다. 또 학교에서만큼은 편식 없이 잘 먹는 아이로 성장했습니다. 저는 조금 엄하더라도 학습과 규칙을 챙겨 주는 땡글이의 담임 선생님이 좋았습니다. 하지만 성향이 맞지 않아 힘겨운 1년을 보냈다고 평가하는 아이와 학부모도 있었습니다.

학교에서든 친구 모임에서든 나와 맞지 않는 사람은 어디에나 있기 마련입니다. 따라서 아이와 잘 맞지 않는 선생님을 만날 가능성은 학교를 다니는 한 계속 있을 겁니다. 그렇다고 너무 걱정하지 않아도 됩니다. 일단 1년마다 담임 선생님은 바뀌기도 하고요. 모든 아이들이 저마다의 장점과 특징을 가지고 있듯 어떤 선생님이든 아이가 배울 점을 적어도 한 가지씩은 가지고 있기 때문입니다. 또 성향이 맞지 않아도 단점에서도 깨달음을 얻을 수 있는 반면교사^{反面教師}로 활용할 수 있습니다.

방글이의 2학년 담임 선생님은 다정한 분이셨습니다. 선생님이 무섭지 않으니 수업 분위기는 부산하고 시끄러웠습니다. 숙제도 거의 내주지 않았고 도서 대출도 선생님이 챙기기보다 아이들에게 맡겼습니다. 그래서 학부모들 사이에서는 인기가 별로 없었지만 방글이는 선생님이 우리 이모였으면 좋겠다며 친구들과 1년을 정말 즐겁게 보냈습니다. 엄마가 발견하지 못한 선생님의 장점을 찾는 아이를 보며 좋은 선생님을 만나길 기대하기보다 좋은 아이, 좋은 부모가 되는 게 먼저라는 반성을 했습니다.

내 아이에 대한 예외를 요청하지 말자

　초등학교 운동회나 발표회는 학부모에게 아이의 학교생활을 지켜볼 수 있는 기회입니다. 부모 입장에서는 아이의 성장을 지켜볼 수 있어 기대되는 행사지만, 아이들에게는 준비 과정부터 발표하는 순간까지 만만치 않습니다. 중간에 부끄럽고 긴장되서 굳어 버리거나 우는 아이를 보면 안쓰럽기까지 하죠.

　어느 책에서 자신의 아이를 발표회에 참여시키지 않겠다고 선생님에게 부탁하는 부모의 이야기를 읽은 적이 있습니다. 불필요한 긴장감과 힘든 연습 과정을 경험시키고 싶지 않다는 게 이유였죠. 그런데 실제 부모들 중에 발표회가 아니더라도 유독 자기 아이에 대한 부탁을 많이 하는 사람이 있습니다. 편식하는 아이의 반찬을 조정해 달라거나 특정 아이와 짝을 하지 않게 해달라고 요청합니다. 아마 부모로서 내 아이의 장단점을 너무 잘 알기에, 어렵고 힘든 경험은 좀 피해 가길 바라는 마음에 그런 부탁을 했을 것입니다. 아이의 성향에 따라 유독 어떤 활동이 두렵고 힘들 수 있습니다. 아이의 기질대로 클 수 있도록 기다려 주겠다는 결정 역시 틀리지 않습니다. 하지만 사회의 구성원으로 살아가게 하려면 지켜야 할 최소한의 규칙, 의무, 책임에 관해 예외 없이 따르도록 아이를 가르쳐야 합니다. 엄마가 평생 따라다니며 그런 불편함을 겪지 않도록 조정해 주며 살 수는 없습니다.

　사실 밥을 먹는 일부터 화장실의 뒤처리까지 선생님의 도움이 필요했던 유치원과 달리 아이가 혼자서 해야 하는 일이 많아지는 초등학교에 가면 선생님과 엄마 사이에 특별한 관계가 필요하지는 않은 것 같습니다. 오히려 선생님과 아이 사이에 특별한 관계가 만들어져야 한다고 생각하는데요. 아이가 선생님을 좋아할수록 학교에 가는 것이 즐겁고 생활과 공부 전반에서 노력하는 모습을 보이더라고요. 부모가 선생님과 아이의 관계가 좋아지도록 돕는 방법은 알림장, 가정통신문 등을 잘 숙지하고, 학교행사에 적극적으로 참여하는 등 학급을 운영하는 데 불편함이 없게 가정에서 지원하는 것이 아닐까 생각합니다. 특히 아이가 선생님과 좋은 관계를 맺게 하려면 부모가 먼저 선생님을 신뢰하는 마음을 가져야 합니다.

마침 쌍둥이 남매는 입학 이후 4학년이 된 지금까지 모두 여자 담임 선생님을 만났는데요. 감사하게도 자녀가 있는 선생님의 경우 아이를 학교에 맡겨 둔 워킹맘의 심정을 너무나도 잘 헤아려 주셨습니다. 내 아이만 특별하게 대해 달라는 욕심이나 선생님에 대한 불신 없이 배우려는 자세와 신뢰하는 마음으로 다가가니까 선생님도 좀 더 편하게 아이의 생활 태도에 대해 조언해 주셨고, 학기가 끝날 무렵 아이의 변화와 성장을 칭찬해 주기도 하셨습니다.

물론 모든 선생님이 워킹맘이지는 않습니다. 선생님이 워킹맘이냐 아니냐의 여부와 상관없이 상담할 때 어떤 자세로 선생님께 다가가느냐가 선생님과 학부모 사이의 관계 형성에 영향을 미친다고 생각합니다.

학부모 상담 때 주의 사항

워킹맘에게 학부모 상담은 학교에 가기 위해 휴가를 내야 하는 불편한 날입니다. 상담이 꼭 선생님을 직접 만나야만 가능한 것은 아닙니다. 전화나 편지를 통해서도 가능합니다.

간혹 내 아이는 잘 지내고 있으니 상담할 필요가 없다는 학부모를 만나기도 하는데요. 내 아이는 내가 잘 안다고 생각하기 쉽지만 학교에서 다수의 아이를 관찰하는 베테랑 선생님은 부모가 모르는 아이의 모습까지 찾아냅니다. 따라서 상담을 통해 아이의 친구 관계, 학습 태도, 생활 습관 등에 대해 대화하는 것은 때로 큰 도움이 됩니다.

선생님도 단기간에 다수의 부모를 만나려면 힘들기는 마찬가지일 것입니다. 게다가 학기 초에 담임으로서 아이들을 챙기는 업무만으로도 얼마나 정신이 없겠어요. 그 바쁜 시간을 쪼개서 매년 두 차례씩 상담을 진행하는 데는 다 이유가 있습니다. 1학기 상담은 선생님이 다수의 아이들을 단시간에 파악하기 어렵기 때문에 부모를 통해 아이의 중요한 성향을 듣기 위한 자리입니다. 2학기 상담은 한 학기 동안 아이를 지켜본 선생님의 입장에서 아이의 장점은 키우고 단점은 고칠 수 있도록 가정에서 추가적인 노력을 기울여 달라고 부탁하기 위한 자리죠.

만약 휴가를 내기 어렵다면 상담의 목적을 달성할 수 있는 다른 방법을 찾으면 됩니다. 전화나 다른 수단을 통한 상담 방법 외에, 날짜를 조정해 다른 일로 휴가를 내야 하는 날 상담 받을 수는 없는지 선생님께 양해를 구하는 것도 하나의 방법입니다.

쌍둥이 남매가 학교에 입학할 즈음 회사에서 새로운 보직으로 발령받은 저는 업무가 변경된 지 얼마 안 된 상태라 휴가를 내기가 어려웠습니다. 입학식과 공개 수업이 있는 날은 간신히 휴가를 낼 수 있었지만 계속 야근이 이어졌지요. 그래서 1학기 상담은 전화 상담을 선택했습니다. 땡글이의 담임 선생님은 교직 생활이 20년 이상인 베테랑으로 2주 만에 아이의 포인트를 파악하고 장단점을 짚어 내셨습니다. 방글이의 담임 선생님은 비록 3년 차였지만 사전에 설문지를 통해 부모로부터 아이의 장단점을 파악한 덕분에 풍부한 내용으로 상담할 수 있었죠. 업무 시간이 끝난 6시 이후에 전화 상담을 요청했음에도 선생님들께서 양해해 주셔서 편하게 상담할 수 있었습니다.

꼭 대면 상담을 해서 선생님에게 눈도장을 찍어야만 부모가 아이에게 관심을 기울이고 있음을 알릴 수 있는 건 아닙니다. 평소 아이의 생활 태도나 학습 태도만 봐도 선생님들은 알아채시지요. 학년이 올라갔을 때 아이가 학교생활을 너무 잘하고 있는데 왜 상담 신청을 했느냐고 물으시는 선생님도 있었는데요. 1학기의 경우 선생님과 아이가 만난 지 얼마 안 되어 개별 성향을 파악하기 어렵기 때문에 아이에 대해 부모가 특별히 알려 주어야 하는 내용이 없다면 상담을 생략해도 좋다는 이야기도 들었습니다. 선생님의 성향에 따라 상담 여부, 방법을 결정하면 좋을 것 같습니다.

부정청탁 및 금품 등 수수의 금지에 관한 법률^{일명 김영란법} 시행 이후로 선생님에게 선물을 사가는 것이 금지되기는 했지만 쌍둥이 남매가 1학년 때는 법 시행 초기라 정말 학교에 빈손으로 가도 되는 걸까 많은 엄마가 고민했습니다. 하지만 저는 전화 상담을 선택한 덕분에 그런 고민을 할 필요가 없었죠.

눈치 보며 회사에 휴가 내고 상담에 참석했는데, 상담 내용이 너무 단순하거나 부모가 이미 다 알고 있는 것이라면 바쁜 시간을 쪼개 휴가를 낸 것이 아깝다는 마음이 들 것입니다. 특히 선생님이 아이에 대해 제대로 파악하지 못한 상태인 1학기 상담 때 휴가까지 내어 상담을 가는 것이 부담스럽다면 전화 상담을 활용해도 좋을 것 같습니다.

• 학부모 상담 요령

1. 아이에 대한 부정적인 표현을 감정적으로 받아들이지 마세요

선생님이 학교에서 만나는 아이의 모습은 집에서 엄마가 보는 모습과 다를 수 있습니다. 혹 부모가 몰랐던 아이의 부정적인 모습이 있을 수도 있고요. 부모가 보기에 대수롭지 않게 여겼던 모습을 선생님은 다소 부정적으로 표현할 수도 있습니다. 이럴 때는 감정적으로 받아들이기보다 개선할 수 있는 방법을 묻고 함께 실천할 수 있도록 도움을 요청하는 것이 좋습니다.

2. 단점보다 장점 위주로 선생님에게 알려 주세요

아쉽게도 학교에서는 개개인의 장점을 더 크게 성장시키기보다 단체 생활과

학습에 적합하도록 아이를 단련하는 데 치중합니다. 그리고 거기에서 드러나는 단점을 교정하는 경향이 크죠. 따라서 선생님이 알기 어려운 아이만의 특장점을 알려 줄 필요가 있습니다.

3. 상담 당일, 아이를 훈육하지 마세요

선생님과 상담한 내용을 바로 전달하거나 선생님이 지적하신 단점을 개선하기 위해 그날 바로 아이를 훈육해서는 안됩니다. 엄마가 학교에 다녀오기만 하면 혹은 선생님을 만나기만 하면 그날은 자기가 혼나는 날이라고 인식할 수 있기 때문이죠. 선생님을 만난 날에는 우선 선생님이 칭찬한 장점을 아이에게 전달하고 북돋워 줌으로써 학교생활을 좀 더 즐겁고 자신 있게 할 수 있도록 도와야 합니다.

4. 상담 설문지는 꼼꼼히 적으세요

상담 설문지가 있을 경우 빈 칸이 없게 적어서 회신해 주세요. 아이를 둘러싼 환경, 아이의 발달 상황 등을 꼼꼼히 적어 보내면 상담할 때 도움이 됩니다. 컴퓨터 활용 능력이 뛰어난 선생님의 경우에는 구글이나 네이버 폼 등의 설문 프로그램을 이용해 이야기를 듣기도 합니다.

5. 아빠도 함께 참여하세요

아빠가 관심을 보이는 아이는 선생님도 다르게 보신답니다. 엄마에게 전달받는 것보다 선생님이라는 제삼자를 통해 아이에 대해 듣게 되면 아빠도 좀 더 자녀 교육에 적극적으로 참여하려는 마음이 생기죠. 또 집에서와는 다른 아이의 모습에 대해 직접 들음으로써 이후 아이에 대한 일을 논의할 때 좀 더 깊은 대화를 나눌 수 있게 됩니다.

가까이하긴 어렵고
멀어지면 소외되는 엄마들과의 관계

저는 쌍둥이 남매가 어린이집에 다니는 동안에는 직장에서 매우 바쁜 시기를 보내느라 동네 엄마들과 전혀 교류하지 못했습니다. 그러다가 아이들이 5세 무렵 잠깐 육아 휴직을 하면서 등원 후 동네 엄마들과 커피를 마시는 경험도 해볼 수 있었는데요. 초등학교 시스템은 부모의 참여를 많이 요구하는 까닭에 유치원 시기보다 엄마들과 더 긴밀한 관계를 맺게 됩니다.

단톡방과 반 모임은 어떻게 시작될까?

아이가 학교에 입학해서 새로운 친구들을 사귀는 것처럼 엄마들도 아이의 입학을 계기로 학부모 모임이라는 새로운 커뮤니티에 들어갑니다. 처음엔 과연 엄마들과 잘 지낼 수 있을까 고민이 많았습니다. 워킹맘이라 시간적 제약이 커서 다른 엄마들처럼 모임에 적극적으로 참여할 수 없기에 더 불안했습니다. 여기저기서 주워 들은 얘기처럼 전업맘과 워킹맘 사이에 갈등이 생기면 어쩌나 걱정도 한 아름이었죠.

학부모 총회 날 엄마들의 연락처를 공유하고 난 뒤 거의 일주일간은 정말 초조하게 단톡방(또는 밴드)이 생기길 기다렸습니다. 워킹맘이라 저만 빼고 단톡방이 만들어진 건 아닐까 불안한 마음도 들었습니다. 그런데 그런 일은 일어나지 않았습니다. 반 대표가 된 엄마는 단 한 사람도 빠뜨리지 않고 단톡방에 초대해 학교 소식과 분위기를 전달하고자 노력했습니다. 나중에는 개별적으로 친해진 엄마들끼리 소모임을 하면서 그네들만의 단톡방이 만들어지기도 하지만 반 전체 단톡방에 일부러 초대하지 않는 경우는 없으니 걱정할 필요가 전혀 없습니다.

단톡방은 반 모임에 대한 의견 공유, 동네 병원에 대한 정보 공유, 소풍 등 행사에 대한 안내 등 다양한 용도로 사용됩니다. 대개는 엄마들만의 대화방이지만 드물게 담임 선생님이 참여해 아이들의 학교

생활이 담긴 사진을 올려 주는 경우도 있습니다. 요즘에는 단톡방 대신 학급에서 사용하는 알림 앱으로 알림장 통지와 더불어 현장 체험 학습 때의 단체 사진들을 올려 주더군요.

반 모임은 단톡방이 만들어지는 시기에 따라, 또 반 대표 엄마의 성향과 일정에 따라 조금씩 다릅니다. 반 대표가 정해지면 그 지역의 인기 있는 모임 장소를 섭외하게 됩니다. 반 대표가 행동이 빠르다면 총회 후 곧 반 모임이 열리지만 조금이라도 늦는다면 예약 날짜에 따라 조금씩 밀리죠. 아이와 함께하는 반 모임의 경우 아이들이 뛰어놀 수 있는 키즈 카페를 섭외하지만, 엄마들끼리의 모임이라면 카페나 식당, 주점 등 다양한 장소에서 열립니다. 쌍둥이 남매의 반 모임은 3월 말에서 4월 초에 걸쳐 이루어졌습니다. 각기 다른 반인 쌍둥이 남매 덕분에 저는 두 군데의 엄마 모임에 참석하며 서로 다른 분위기를 경험할 수 있었습니다. 땡글이네 반의 경우 낮에 참석할 수 없는 엄마들을 위해 저녁 모임을 한다고 해서 고마움, 부담, 걱정 등의 감정을 안고 퇴근하자마자 발에 땀이 나도록 뛰어갔었습니다. 방글이네 반의 경우 학교 인근 공원에서 모여 아이와 함께 신나는 시간을 보냈습니다.

양쪽 반에서 나눈 이야기는 대동소이했습니다. 선생님에 대한 인상, 다른 반 모임 정보, 반별 학부모회 활동 안내(녹색 어머니회, 도서실 봉사, 급식 당번 등), 학교 행사 준비, 반 모임 운영 방향 등에 대해 이야기를 나누었죠. 아이들의 생일 파티와 향후 엄마들 모임을 어떻게 할지도 주요한 이야깃거리였습니다. 이런 저런 이야기를 나누다 보니 시간이 금세 지나가더군요.

반을 구성하는 엄마들의 분위기에 따라 반 모임 횟수는 많이 다릅니다. 오프라인 모임을 한 번도 가지지 않고 채팅방에서만 대화를 나누기도 하고, 엄마들끼리 친목이 형성된 경우에는 한 달에 두세 번씩 만나기도 합니다.

단톡방에 꼭 참여해야 할까?

잘 모를 때는 단톡방에 참여하지 않으면 커다란 불이익을 당하지 않을까, 엄마들 사이에서 내가 소외되는 것은 차치하고 내 아이가 친구들과 사귀는 데 어려움을 겪지 않을까 걱정이 많았습니다. 결론적으로 말하자면 단톡방에 꼭 참여해야 하는 건 아닙니다. 간혹 지인의 다리 건너 이웃들 중에는 단톡방에 참여하지 않는 엄마도 있다고는 하지만, 저는 주변에서 그런 엄마를 보지는 못했습니다. 대화에 참여하든, 참여하지 않든 일단 학년이 시작되고 단톡방이 개설되면 반의 분위기도 파악할 겸 모든 엄마가 단톡방 안에 머물렀다가 학년이 바뀌면 단톡방을 나갔습니다.

단톡방에 참여해야 정보를 얻을 수 있다고 얘기하는 경우도 있는데 제 경험상 그것도 꼭 그런 건 아니었습니다. 학교의 알리미 앱이나 담임 선생님의 알림장만 잘 챙겨도 학사 일정에서 놓치는 정보는 거의 없었습니다. 또 진짜 엄마들이 궁금해하는 학원이나 교육에 관한 좋은 정보는 소수, 이미 그들만의 리그에 들어가 있는 엄마들끼리만 공유하기 때문에 단톡방에 올라오는 경우는 한 번도 없었습니다. 단톡방뿐만 아니라 다수가 모이는 반 모임에서도 그런 얘기를 하는 경우는 드물었죠.

간혹 학교 행정에 관련한 궁금증이 생기거나 아이가 알림장을 학교에 두고 오거나 결석 등으로 정보가 필요할 때 단톡방을 통해 질문을 하면 도움을 받을 수도 있는데요. 오직 이 이유 때문에 단톡방에 참여하고 반 모임 등으로 엄마들과 친분을 쌓을 필요는 없습니다. 정보를 얻거나 해석이 분분한 학교일은 선생님께 직접 물어보는 것이 훨씬 효과적이거든요. 수업이 모두 끝난 오후에 학교로 전화를 하거나 알림 앱의 질문 기능을 이용하면 됩니다. 개인 연락처를 공개한 선생님의 경우 문자로 문의하면 대부분 친절하게 알려 주십니다.

반 모임을 통해 얻을 수 있는 장단점

아이들을 동반하는 반 모임에 참석하면 노는 모습을 통해 반 분위기를 파악하고 내 아이가 어떤 친구와 잘 어울리는지 알 수 있다는 장점이 있습니다. 또 엄마들을 통해 아이들과의 대화에서 놓친 학교 상황이나 선생님의 성향을 들을 수 있기도 합니다. 긴급한 상황이 생겼을 때 모임을 통해 친분을 쌓은 엄마들에게 아이의 케어를 부탁할 수도 있습니다.

반 모임이 있은 뒤 어느 날 방과 후에 친목이 형성된 엄마들끼리 아이들과 모여 키즈 카페나 방방장, 놀이터에 들렀다는 얘기도 들려 왔습니다. 돌봄 교실에만 머무르고, 조부모가 빈 시간을 케어하는 쌍둥이 남매는 그런 모임에 낄 수가 없었죠. 그래서 혹시나 친구들 사이에서 소외되면 어쩌나 하는 걱정에 저녁이나 주말에 하는 반 모임은 시간을 조정해서라도 가능한 한 아이들과 꼭 참석했습니다.

엄마들끼리의 반 모임은 아이들의 친구 엄마로 만나서 성향이 잘 맞는 사람을 발견하면 가족끼리 어울리는 관계로까지 이어지기도 하는데요. 사람들과 어울리고 대화하는 것을 좋아하는 성향이라면 괜찮지만 그렇지 않은 경우 억지로 어울리려고 애쓸 필요는 없을 것 같습니다. 학년과 반이 바뀌고 아이들 간의 관계가 소원해지면 엄마들도 자연스레 멀어지게 됩니다.

반 전체를 대상으로 하는 엄마들의 모임은 최대 2학년까지 활발합니다. 3학년만 되어도 단톡방이 만들어지기만 할 뿐 모임에 대한 대화나 학교생활에 대한 질문은 거의 사라집니다.

단톡방과 반 모임이 성향에 안 맞는다면

저는 해마다 두 아이의 단톡방에 참여하고 반 모임도 시간이 허락하는 한 열심히 참여했습니다. 엄마가 일하느냐 일하지 않느냐의 문제가 아니라 반을 구성하는 엄마들 개개인의 성향에 따라 단톡방이나 반 모임의 참여도가 달라졌는데요. 실제로 단톡방에서 대화에 참여하는 이는 소수에 불과했습니다. 반 대표 엄마의 공지 사항 안내에 답을 주고받는 것 이외에는 일체의 대화를 하지 않는 학년도 있었고, 분위기가 화기애애해서 아이들의 학교생활을 비롯해 선생님 이야기, 사적인 대화까지 주고받는 경우도 있었습니다. 저는 단톡방의 알림 설정을 꺼두고 주로 제가 보고 싶을 때에만 봤습니다.

반 모임 역시 저처럼 회사에 다니면서도 열심히 참여하려고 애쓰는 사람도 있지만 회사에 다니지 않는다고 해서 모든 엄마가 모임에 참여하는 것은 아니었습니다. 엄마와 아이 모두 베일에 싸여 있는 경우도 더러 있었죠. 의무적으로 또는 무리해서 참여할 필요는 없지만 단체 행사에는 가능한 한 참여해 아이에게 무관심한 엄마라는 이미지가 생기지 않도록 관리할 필요는 있습니다. 엄마가 너무 적극적이다 못해 지나쳐도 아이의 평판이 같이 나빠질 수 있지만 반대로 엄마가 너무 관심이 없어도 불쌍한 아이로 전락할 수 있습니다. 따라서 모임에 적당히 참석하여 적절히 이용하는 지혜가 필요합니다.

초등학교에 입학하기 전에 가졌던 우려와 달리 저는 단톡방에서 많은 대화를 주고받지도 못했고 엄마들 모임에 참여하는 빈도도 낮았지만, 아이들은 친구들과 잘 지냈고 저 역시 엄마들 사이의 분쟁에 휘말리지 않고 무사히 1~2학년 시기를 보냈습니다.

엄마들끼리 삼삼오오 학원 및 그룹 과외

학교에 입학하자마자 삼삼오오 학원 모임이 생기더군요. 하지만 쌍둥이 남매는 그런 모임에 전혀 끼지 못했습니다. 유치원을 같이 졸업한 친구들의 엄마들로부터 피아노나 태권도를 같이 보내자는 제안을 받았지만 쌍둥이 남매는 돌봄 교실에 참여하느라 시간을 맞출 수가 없었거든요. 너무 엄마 중심으로 시간을 배정해 미안한 마음이 들었지만 뾰족한 수가 없었습니다.

이렇게 1학년 때 만들어진 학원 모임은 고학년이 되면 주말마다 박물관, 유적지 탐방 등을 다녀오는 학습 모임으로 이어지기도 합니다. 그러나 1학년 때 학원 그룹에 끼지 못했다고 해서 초등학교 6년 내내 모임에 낄 수 없는 것은 아니니 걱정하지 않아도 됩니다.

한 회사 선배는 워킹맘이라 엄마 모임에 참여해 본 적이 없는데도 딸의 친구 엄마로부터 과외 그룹을 만들려고 하는데 딸아이를 참여시켜 주면 좋겠다는 전화를 받았다고 합니다. 선배의 딸이 공부도 잘하고 인기도 많았거든요. 시간이 지나 2학년이 되자 아들 땡글이는 축구 모임에 참여했고, 딸 방글이는 친구들의 생일 파티와 파자마 파티에 몇 번이나 다녀왔습니다. 아이들끼리 친해지면 자연스럽게 엄마들도 서로 알게 되기 때문에 처음부터 너무 조바심 내지 않아도 됩니다.

사실 엄마들 모임에 못 가서 (혹은 안 가서) 접하지 못하는 정보에 대한 아쉬움은 내 아이가 소외당하거나 학업에서 뒤처질까 봐 불안해하는 엄마의 마음에서 비롯된 것입니다. 중·고등학교에서 교편을 잡고 있는 친구들이 말하더군요. 아이가 중학생만 되어도 초등학교 때 보낸 대부분의 학원이 엄마의 불안감 해소를 위한 것이었다는 걸 깨닫는다고요. 엄마들 모임에 안 가서 놓쳤다고 생각되는 안타까운 정보는 엄마의 피해 의식 속에서만 존재할 뿐 그 이상도 그 이하도 아니라고 생각하는 뚝심이 필요합니다.

워킹맘의 아이라서 소외감 느끼지 않도록, 친구 초대하기

초등학교 1학년 때는 반 모임이나 단체 생일 파티를 하는 경우가 많습니다. 보통은 단톡방에 공지를 하고 동네 놀이터나 공원, 키즈 카페 등에서 만납니다. 제가 쌍둥이 남매에게 알려 주기도 전에 아이들이 먼저 친구들로부터 소식을 듣고 오기 때문에 워킹맘이라 모임에서 소외되는 경우는 거의 없었습니다. 또 저희 집 아이들의 경우 엄마가 함께 참석하지 않아도 친구들과 어울리기 위해 애를 썼는데요. 1학년 학기 초반에만 어색한 분위기 때문에 꼭 엄마와 참석하려고 해 조금 고생했습니다. 아쉽게도 아직까지 반 모임에 아빠가 참석하는 경우는 본 적이 없습니다. 대신 아빠나 조부모가 아이를 데려다주고 데려가는 경우는 있기도 합니다.

사실 워킹맘이라 모임에서 소외되는 것이 아니라 시간이 맞지 않아 참석하지 못하는 것인데요. 아이들을 등교시키고 나서 엄마들끼리 차 한잔 마시는 모임에도 참여할 수 없을 뿐만 아니라 저녁에 하는 모임도 야근이 걸리면 꼼짝없이 불참할 수밖에 없습니다. 친구들이 반 모임에 참석한 이야기나 서로의 집에 가본 얘기를 듣고 소외감을 느낀 쌍둥이 남매가 서운해할 때도 있지만, 회사일이 엄마 마음대로 할 수 있는 것이 아니고 어쩔 수 없는 날도 있다고 잘 설명해 주는 수밖에 없었습니다.

그래서 저는 한 학기에 한두 번쯤 녹색 어머니회나 방과 후 공개 수업, 방학식 등의 학교 행사가 있는 날에 맞춰 휴가를 내거나 주말에 날을 정해서 쌍둥이 남매의 친구들을 집에 초대했습니다. 학원이 끝나는 시간에 맞춰 저녁을 먹이고 보내거나 때때로 함께 잘 수 있게 해줬죠. 이렇게라도 아이들의 서운한 마음을 달래고 싶었습니다. 각자 친구를 한 명씩만 불러도 4명이나 되다 보니 아랫집의 인터폰 항의를 받을 때도 있었지만, 자꾸 해보니 조용히 놀게 하는 요령도 생기더군요.

그런데 아이들이 노는 모습을 가만히 지켜보니 엄마가 만들어 준 친구는 집으로 초대했을 때만 어울린다는 것을 알게 됐습니다. 집이라는 한정된 공간에서는 자기들끼리 놀 수밖에 없지만 학교에 가면 서로 마음에 맞는 친구들과 어울리는 것이죠. 아무리 엄마가 그 친구가 괜찮아 보인다고 말해도, 엄마끼리 친해도, 여러 차례 노는 자리를 마련해 줘도 자기 마음에 맞지 않으면 친한 사이가 될 수 없다는 뜻입니다.

한편 친구를 초대하면 한 번쯤 우리 아이도 초대받을 거라 생각하는 경우가 많은데, 꼭 그렇지만은 않습니다. 한번은 우리 집에서 잘 어울려 논 엄마들 중 몇 명이 저희 아이들을 빼고 자기들끼리 외부 체험 활동을 가는 것을 보고 섭섭했던 적이 있었는데요. 당시엔 서운했는데 나중에 알고 보니 어린이집 시절부터 시작된 오래된 모임이라 낄 수 없는 자리였더군요. 이런 경우처럼 우리 집에 온 친구라고 해서 그 친구의 집에 모두 가볼 수는 없습니다. 가끔은 바빠서 초대에 응하지 못하기도 하고, 제가 초대한 아이의 엄마가 저보다 더 바쁘거나 더 자발적인 아웃사이더인 경우도 있습니다. 모든 가능성을 염두에 둔다면 서운한 마음이나 불편한 마음을 줄일 수 있습니다.

- **아이 친구를 집으로 초대할 때의 요령**

  1. 아이 중심의 시간으로 만들어 주세요

  아이의 친구를 집으로 부르는 날에는 아이들끼리만 놀게 하는 것이 좋습니다.

어른이 개입하면 어른 중심으로 놀이가 이루어집니다. 아이들끼리 어울려 놀 때 사회성, 협동심, 자립심 등을 키울 수 있는 기회를 가질 수 있습니다.

2. 처음부터 놀이 종료 시간을 정해 두세요

모처럼 인심 써서 집을 놀이 장소로 제공했는데 늦은 시각까지 아이들이 집으로 돌아가지 않아 속 끓이는 일은 피해야 합니다. 거꾸로 내 아이가 친구 집에 놀러 갈 때도 적당한 시각에 귀가하도록 해야 합니다. 초대해 준 가정의 휴식 시간을 방해하면 안 되니까요.

3. 예의 있는 행동은 기분을 좋게 해요

초대하는 것도 요령이 필요하지만 초대받을 때도 요령이 필요합니다. 바로 예의를 지키는 일이죠. 아이를 초대해 주는 엄마에게는 꼭 감사 인사를 하세요. 두 번 이상 초대받으면 적어도 한 번은 집으로 초대해 답례하는 것도 필요합니다. 서로 빈손으로 방문하기로 사전에 약속한 경우가 아니라면 갈 때 간단한 간식이나 답례품을 준비하는 것이 좋습니다.

4. 간식이나 식사에 대한 부담을 서로 나눠요

엄마들이 함께 모이는 경우 각 가정마다 간식을 조금씩 준비하면 주최하는 엄마의 부담을 덜 수 있습니다. 모임을 주최하는 엄마라면 참석한 인원과 가족 수에 따라 적정 비용을 사전에 걷거나, 일괄로 선결제를 한 다음 나중에 개별 부담분을 요청하는 등 회비를 어떻게 나눌 것인지 미리 제안해 두면 참석자들이 좀 더 편안하게 시간을 보낼 수 있습니다. 또 참여하는 엄마는 빠르게 회비를 정산해 주는 예의를 지키면 좋습니다.

5. 형제자매의 동반도 너그럽게

모임 장소를 외부로 선택하면 아이들의 안전을 위해 엄마들이 함께 참석하는 경우가 많습니다. 이때 형제자매의 동반 참석을 여유 있는 마음으로 허락해 주면 좋겠습니다. 어린 동생을 맡길 곳을 찾지 못해 데리고 오는 엄마에게도 너그럽게 대하면 좋을 것 같습니다. 단 이때 참여한 아이의 수만큼 정확하게 회비나 비용이 책정되어야 서로 불만이 생기지 않습니다.

6장

워킹맘 선배가
후배에게 전하는
3가지 부탁

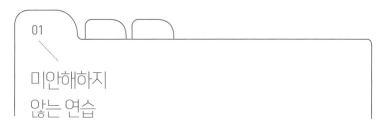

01

미안해하지
않는 연습

많은 워킹맘이 육아에서도 직장에서도 능력을 증명하기 위해 애쓰고 있습니다. 하나만 하기에도 힘든 일을 다 잘하기 위해 육아와 직장 사이에서 고군분투하고 있죠. 그런데도 때때로 죄책감에 시달립니다.

저는 출산 후 복직한 첫날부터 "남자 대리를 원했는데 네가 와서 인사부에 쫓아가려던 걸 참았다."라는 부서장의 폭언을 들으며 워킹맘 생활을 시작했습니다. 이후 빈번한 야근으로 친정 엄마가 어린이집에 다녀온 아이들을 도맡아야 했고, 주말에도 한 달에 한두 번 쉴까 할 정도로 바빴습니다. 이런 극한 상황을 버텨 낸 것은 회사에서 저를 '육아를 하는 데도 불구하고 일을 잘하는 사람'이라고 증명하고 싶었기 때문입니다.

오랜 기간 준비한 회의에서 최선을 다해 답변한 적이 있는데요. 그날 저는 회의에 동석한 한 남자 선배로부터 "조직에서 튀는 여자의 모습이 보기 좋지 않다."라는 이야기를 들었습니다. 저로 인해 회의가 너무 길어졌다는 것이 그 이유였죠. 그 말에 당황한 저는 조언해 주어서 고맙다는 말로 상황을 매듭짓고 말았습니다. 그 회의를 통해 복직 첫날부터 폭언했던 부서장을 비롯해 많은 임원진들에게 인정받았음에도 왜 저는 제가 해야 할 일을 한 것뿐이라며 선배에게 당당히 반박하지 못했을까요? 아이들의 자는 얼굴에 눈도장만 찍는 생활을 참으면서까지 회사에서 나를 증명하는 일이 왜 그렇게 중요했던 걸까요?

혹시 수많은 워킹맘이 그 당시의 저처럼 '워킹맘'이라는 글자를 주홍 글씨처럼 새기고 스스로를 저평가하고 있는 건 아닐까요? 일과 육아를 함께하기로 결정한 이상 먼저 스스로에게 좀 더 당당해지면 좋겠습니다. 엄마로 70점, 일에서 70점, 각자의 영역에서 70점의 역할이라도 하고 있기 때문에 일도 유지하고, 엄마로서도 살아가고 있다는 것을 당당하게 주위에도 알려야 합니다. 이미 140점짜리 삶을 살고 있는 워킹맘이라고 말입니다.

출산 이전의 자기 모습은 물론 주위 동료와 비교하며 자책할 필요가 전혀 없습니다. 일단 지금의 자리를 지키고 있어야 어느 순간 육아에서 다시 일로 무게 중심을 옮길 타이밍을 만날 수 있습니다. 업무 시간에 걸려 온 아이의 전화를 받을 수도 있고 아이가 아파서 집에 일찍 갈 수도 있으며 여러 가지 사정으로 자주 휴가를 쓸 수도 있습니다. 이건 부끄러운 일이 아닙니다. 주말에도 출근을 하거나 퇴근 후 엄마 모드로 전환된 상태에서도 종종 전화나 카톡으로 회사 업무를 처리하는 것처럼 말입니다. 물론 아이들과 함께 있다 보면 즉시 답하지 못할 때가 많지만 처리했다는 사실만으로도 70점은 된다고 봅니다. 그리고 그것으로 충분합니다. 회사의 모든 직원이 100점은 아니듯, 엄마의 역할도 마찬가지입니다.

어느 날 딸 아이가 일기장에 "나도 커서 엄마처럼 멋지게 일하고 싶다."라고 쓴 것을 보았습니다. 뿌듯함을 느낀 순간이었죠. 초등학교에 입학할 때까지만 해도 "엄마가 회사에 가지 않았으면 좋겠다."고 울먹이던 아이가 어느새 훌쩍 자라 있었습니다. 육아도 일에도 미안한 마음을 가져야 하는 시기는 정말 짧습니다.

직업에서 습득한
행동, 말투 버리기

"학교 잘 다녀왔어?" "숙제 다 했어?" "씻었어?" "준비물 없어?" "시험 본 건 어떻게 됐어?"

혹시 집에 도착하자마자 아이에게 위와 같이 질문하고 있지는 않나요?

"별일 없었나? 위에서 찾지는 않으셨나?" "아까 시킨 보고서는 완성했나?" "○○ 업체와 미팅은 어떻게 진행되고 있나?"

외근했다가 사무실로 들어서는 순간부터 직원들을 호출해 질문 아닌 명령을 쏟아내는 부장님과 닮지 않았나요? 퇴근하고 집에 도착해서 쌍둥이 남매에게 의례적으로 학교에서 있었던 일, 그날의 숙제를 확인하는 제 모습이 제가 그렇게 싫어하던 상사의 모습과 너무 닮아 있어 소스라치게 놀란 적이 있었습니다. 매일 하는 행동이 몸에 배어 버린 탓입니다. 오랜 시간 사회생활을 한 워킹맘은 밖에서 행동하는 패턴이 집에서도 고스란히 드러나는 경우가 많습니다. 모든 일을 재촉하는 습관이나 과정보다 결과(성과)를 따지는 것, 규칙에 집중하는 것 등이 그것이죠. 빡빡한 직장에서 살아남으려고 고군분투하며 나름 '당찬 여직원'의 이미지를 고수하는 동안 저도 모르게 아이들을 자식이 아닌 부하 직원처럼 여겼는지도 모르겠습니다. '너희를 키우느라 내가 얼마나 노력하고 있는데?'라면서 제 지시대로 움직이지 않는 아이들을 향해 권위적으로 행동했을 수도 있고요.

안타깝게도 아이들은 부모를 고스란히 닮습니다. 인정하기는 싫지만 아이들은 제가 싫어하는 저의 모습부터 빨리 습득하더군요. 1학년을 마칠 때쯤 땡글이가 가져온 생활 통지표에 담임 선생님이 리더십이 있다고 기록해 주셔서 무척 좋아했던 기억이 납니다. 그런데 쌍둥이 남매가 서로 주도권 싸움을 하는 모습이나 친구들과 어울리는 모습을 지켜보면서 리더십이 있다는 것은 때로 명령이나 지휘하는 것 혹은 명령받는 것에 익숙하기 때문에 나오는 권위적인 성향일 수도 있다는 걸 깨달았습니다. 초등학교 1학년의 리더십이라고 하면 그저 활동적이고 목소리가 큰 것뿐일 수도 있으니까요.

우리는 하루에 많은 시간을 회사에서 보내는 만큼, 직업에서 습득된 행동이나 말투, 사고방식 등이 자연스럽게 아이를 대할 때도 나오게 됩니다. 사람인지라 어쩔 수 없는 부분이기도 하지만, 안 그래도 함께하는 시간이 짧은데 그 시간만이라도 오롯이 부모로서 아이를 대하기 위한 노력이 필요하다고 생각했습니다.

'왜 이것밖에 못하지? 왜 저게 힘들지?' 나의 감정에 함몰되지 않기

이른 아침, 저의 일과는 가족들의 아침밥을 챙기고 아이들의 등교와 제 출근을 준비합니다. 퇴근 후에는 아이들의 공부를 챙기고 독서를 도우며 다음 날의 준비를 하죠. 아이들이 잠들면 그제야 저의 하루도 마무리하기 시작합니다. 워킹맘의 하루는 대부분 저와 비슷할 것입니다. 모든 사람에게 하루에 주어진 시간은 24시간으로 동일한데 출퇴근을 포함해 직장에서 11~12시간, 수면을 포함한 최소한의 생리 현상 7~8시간을 제외하면 돌봄과 가사일에 할애할 수 있는 시간은 4~6시간에 불과합니다. 회사에서 바쁜 일로 야근이라도 할라치면 가사는커녕 아이들과 얼굴을 마주할 시간도 없을 때가 있습니다. 그렇기 때문에 일상을 유지하기 위해 들어가는 노력이 슈

퍼우먼 수준입니다. 슈퍼우먼이 되고 싶지 않지만, 아무도 제 역할을 대신할 사람이 없기 때문에 하루하루 최대치의 에너지를 사용합니다. 그런데 저는 이런 일상보다 정작 다른 데서 문제를 느낍니다. 바로 아이들을 포함한 다른 사람에게 점점 더 퍽퍽해지는 저 자신입니다. 타인에게 엄중한 잣대를 들이밀며 '왜 저거밖에 못하지?' '왜 저게 힘들지?'라고 생각하는 거죠.

회사에서 함께 일하는 한 미혼 직원은 집이 멀다는 이유로 꼬박꼬박 보건 휴가를 사용했습니다. 주말만 쉬는 것이 피곤하다며 월요일이나 금요일에 붙여 휴가를 즐겼습니다. 간혹 주말에 노느라 늦잠을 잤다며 월요일 아침에 지각을 하기도 했고요. 이런 모습을 볼 때마다 저는 화가 났습니다. 직장과 집의 거리는 차치하고 돌봄이 필요한 연로한 부모나 어린아이가 있는 것도 아니고, 오롯이 자기 몸 하나만 챙기면 되는 어린 직원이 뭐가 그렇게 피곤하고 힘들까 싶은 마음이 들었기 때문입니다. 그래서 때때로 꼭 휴가를 써야 하냐며 꼰대처럼 짜증도 냈습니다. 보건 휴가는 직원이 누려야 할 당연한 권리인데도, 일과 육아로 하루하루를 꾸역꾸역 버티는 워킹맘으로서 온전히 자기만 챙기면 되는 이들에게 상대적으로 박탈감을 느꼈나 봅니다.

이러한 마음은 가정에서도 마찬가지였습니다. 저는 쌍둥이 남매에게 "엄마가 샤워하고 나올 때까지 밥 다 먹고 있어." "설거지 다 할 때까지 수학 문제집 풀어 놔." 등의 요구를 종종 했습니다. 아이들이 제 말을 제대로 따랐는지 체크하고 그렇지 못한 경우에는 화를 냈죠.

엄마가 차려 놓은 밥을 먹기만 하면 되는데, 수학 문제 10개만 풀면 되는데 뭐가 그리 어렵냐며 엄마는 회사일과 가사, 육아까지 하루 종일 바쁘게 움직이는데 그걸 못하느냐고 아이들을 다그쳤습니다.

물론 저도 처음부터 이렇게 효율이 높은 사람은 아니었습니다. 그러나 일과 육아를 손에 들고 동동거리다 보니 점점 더 치열하게 살게 되더라고요. 그런데 이렇게 스스로에게 엄격하고 치열하게 살수록 타인에 대한 여유를 잃어버리기 쉽습니다. 너무 열심히 살수록 타인에게 보상 심리가 생겨나 '나는 너에게 이렇게 많은 것을 해주는데 너는 왜 이 정도밖에 못해?'라고 느끼거나 상대도 나처럼 효율적으로 움직이길 바라게 됩니다.

또 '이 일은 내가 아니면 안 돼, 내 생각이 옳아'라는 자기중심적 사고에 쉽게 빠집니다. 저는 복직 후 회사일에 너무 신경을 썼던 나머지 친정 엄마가 아프셔서 육아 휴직을 결정하면서도 제가 하던 일에 공백이 생길까 봐 전전긍긍했습니다. 그러나 제가 없어도 회사일은 잘 돌아가더라고요. 마찬가지로 아이들이 3학년 무렵에 제가 몸이 심하게 아파서 아이들을 돌보기는커녕 제대로 집안일도 하지 못하게 되자, 아이들과 남편이 협심해서 가사일도 돕고 학습을 챙기며 저의 회복을 도왔습니다.

그제서야 회사 동료도, 가족도 저마다 최선을 다해 삶을 이끌어 가고 있다는 것을 깨달았습니다. 그동안 제가 제일 열심히 산다고 착각하고, 이런 나를 알아봐 달라고 투정만 했던 게 아닐까라는 생각이 들었습니다. 회사일도, 가사와 육아도 혼자 힘으로만 하는 일이 아니라 모두가 함께 해내는 일이라는 걸 한동안 잊고 지냈습니다. 일과 육아 어느 것도 소홀히 하지 않기 위해 열심히 사는 건 좋습니다. 그러나 가끔은 힘을 빼고 내가 가진 것, 내 주변의 사람을 바라보는 여유와 오늘, 지금 이 순간에 감사하는 여유를 잃지 말았으면 좋겠습니다.

초등 1학년 입학 체크리스트
(워킹맘이 특별히 주의를 기울여야 하는 사항은 체크 표시)

생활		
		스스로 옷을 입고 벗을 수 있는가
		정해진 시간 안에 밥을 먹는가
		자기 자리를 치우고 책상 위, 자리 주변, 사물함 내 물건을 정리할 수 있는가
		젓가락질을 할 줄 아는가
		우유팩을 뜯어 흘리지 않고 마실 수 있는가
		가위질을 할 수 있는가
	V	공중 화장실을 이용하는 용변 습관이 들었는가
	V	9시간(8세 권장 수면시간)정도 수면할 수 있도록 충분히 일찍 자고 일찍 일어나는가
		수업시간에 화장실, 보건실 이용 등 자신의 상황과 의사를 정확히 표현을 할 수 있는가
		상대방에게 바르게 인사하고 예절과 규칙을 지킬 수 있는가
	V	부모님의 휴대폰 번호와 집 주소를 외울 수 있는가
	V	콜렉트콜(수신자 부담 전화) 거는 방법을 아는가
		교실, 화장실, 보건실 등 학교 내 중요 시설의 위치 확인
		학교까지 안전하게 등교하는 경로, 횡단보도 건너는 법을 아는가

입학 전 준비물		
		취학통지서
	V	예방접종증명서 : 예방접종 도우미 홈페이지(https://nip.cdc.go.kr/)
		ㄴ 시력검사, 청력검사
		ㄴ 알레르기 및 비염, 아토피 등의 건강상태
	V	돌봄 수요 조사서
		교육급여 및 교육비 지원 관련 서류(저소득층 대상)

교과 준비물		
		책가방 : 가볍고 세탁이 쉬우며, 아이의 체형에 맞춰 형태를 잡을 수 있는 가방
		실내화 및 실내화 주머니 : 가장 긴 발가락보다 1.2~1.5cm큰 사이즈의 실내화와 주머니
		필통 : 가볍고 잘 고장이 나지 않는 천으로 된 필통
		연필 : 심이 굵고 진한 연필 4~5자루
		지우개 : 말랑말랑하고 잘 지워지며 각이 잡혀있어 구르지 않는 지우개
		공책 : 8/10칸 바둑공책, 알림장, 일기장, 10칸 줄공책 1~2권 외 과목마다 용도에 맞춰 준비
		네임펜, 네임스티커 : 교과서, 공책 등의 준비물에 이름을 잘 보이게 표시하는 용도
		위생 용품 : 휴지, 물티슈, 칫솔과 치약, 양치컵 등
		기타 : 스케치북, 크레파스, 색연필, 사인펜, 안전가위, 딱풀, 스카치테이프 등 학교에서 요청하는 것들

공부		
		40분의 수업시간에 집중하여 앉아있을 수 있는가
		국어) 한글, 세줄 이상의 문장 읽기가 가능한가
		책상 의자에 앉아 30분 이상 눈으로 읽는 독서가 가능한가
		선생님,친구의 말을 제대로 듣고 이해하는가
		수학) 1~50까지 셀 수 있는가(읽기, 쓰기, 세기) - 더하기, 빼기의 셈하기는 급하지 않아요
		시간, 날짜, 요일의 개념을 알고 있는가

주간 계획표 양식

	월	화	수	목	금	토	일
필수 수면 식사 활동	✓ ✓ ✓ ✓ ✓ ✓	✓ ✓ ✓ ✓ ✓ ✓	✓ ✓ ✓ ✓ ✓ ✓	✓ ✓ ✓ ✓ ✓ ✓	✓ ✓ ✓ ✓ ✓ ✓	✓ ✓ ✓ ✓ ✓ ✓	✓ ✓ ✓ ✓ ✓ ✓
오늘의 한 일							
6시							
7시							
8시							
9시							
10시							
11시							
12시							
1시							
2시							
3시							
4시							
5시							
6시							
7시							
8시							
9시							
10시							
11시							

워킹맘을 위한 초등 1학년 준비법

초판 1쇄 발행 2019년 12월 26일
초판 3쇄 발행 2020년 9월 8일

지은이 이나연 **펴낸이** 김종길 **펴낸 곳** 글담출판사

기획편집 이은지·이경숙·김보라·김윤아
마케팅 박용철·김상윤 **디자인** 엄재선·손지원 **홍보** 정미진·김민지 **관리** 박인영

출판등록 1998년 12월 30일 제2013-000314호
주소 (04029) 서울시 마포구 월드컵로 8길 41
전화 (02) 998-7030 **팩스** (02) 998-7924
페이스북 www.facebook.com/geuldam4u **인스타그램** geuldam
블로그 http://blog.naver.com/geuldam4u

ISBN 979-11-86650-83-7 (13590)
* 책값은 뒤표지에 있습니다.
* 잘못된 책은 구입하신 곳에서 바꾸어 드립니다.

* 이 도서의 국립중앙도서관 출판시도서목록(CIP)은 e-CIP 홈페이지(www.nl.go.kr/ecip)와
  국가자료공동목록시스템(www.nl.go.kr/kolisnet)에서 이용하실 수 있습니다.
  (CIP 제어번호 : 2019048062)

만든 사람들 ─────
책임편집 이경숙 **디자인** 엄재선

글담출판에서는 참신한 발상, 따뜻한 시선을 가진 원고를 기다리고 있습니다.
원고는 글담출판 블로그와 이메일을 이용해 보내주세요. 여러분의 소중한 경험과 지식을 나누세요.
블로그 http://blog.naver.com/geuldam4u 이메일 geuldam4u@naver.com